普通高等教育"十三五"规划教材

算法基础与实验

郭艺辉　钟雪灵　主编

电子工业出版社
Publishing House of Electronics Industry
北京·BEIJING

内 容 简 介

本书系统地介绍了算法设计与分析领域的经典技术，深入浅出地讲述了算法基本理论和方法。内容主要包括算法概述、递归与分治法、动态规划法、贪心算法、回溯法、分支限界法等。全书设计了丰富的应用实例，对每种算法，均结合实例，按照问题提出、算法设计、算法实现（Java 语言）及算法复杂性分析的流程进行了细致讲解。为降低学习者理解的难度，对算法推理及演算均配置了图解进行辅助说明，以帮助读者清晰地掌握算法的设计思路与技巧。所有算法均设置了实验项目，以帮助读者进行实践训练。

本书可作为高等学校计算机和数学等专业本科生学习算法的教材，也可作为工程技术人员的算法参考用书。

图书在版编目（CIP）数据

算法基础与实验/郭艺辉，钟雪灵主编. —北京：电子工业出版社，2019.7
ISBN 978-7-121-36623-9
I. ①算… II. ①郭… ②钟… III. ①电子计算机－算法设计－高等学校－教材 IV. ①TP301.6
中国版本图书馆 CIP 数据核字（2019）第 098553 号

责任编辑：谭海平
印　　刷：北京盛通数码印刷有限公司
装　　订：北京盛通数码印刷有限公司
出版发行：电子工业出版社
　　　　　北京市海淀区万寿路 173 信箱　　　邮编：100036
开　　本：787×980　1/16　印张：12　　　字数：253 千字
版　　次：2019 年 7 月第 1 版
印　　次：2025 年 2 月第 5 次印刷
定　　价：39.80 元

凡所购买电子工业出版社图书有缺损问题，请向购买书店调换。若书店售缺，请与本社发行部联系，联系及邮购电话：（010）88254888，88258888。

质量投诉请发邮件至 zlts@phei.com.cn，盗版侵权举报请发邮件至 dbqq@phei.com.cn。

本书咨询联系方式：（010）88254552，tan02@phei.com.cn。

前　言

　　"算法分析与设计"不仅是计算机科学与技术、软件工程、数据科学与大数据技术等专业的重要学科基础课程及高阶核心课程，而且是非计算机专业如应用数学、计算数学、信息管理及系统工程等的专业课程。随着大数据、云计算及物联网技术的发展，算法设计与分析课程在人才培养中的作用越来越重要，算法教学已成为计算机类人才培养体系不可缺少的部分。教育部计算机科学与技术教学指导委员会编写的《高等学校计算机科学与技术专业实践教学体系与规范》，把算法设计与分析能力界定为计算机专业高级人才的学科基本能力之一；美国计算机协会（ACM）和电气与电子工程师协会计算机学会（IEEE-CS）将算法列为计算学科 11 个重要领域中的第一位；在国外计算机学科久负盛名的三所大学中，卡内基梅隆大学将 Algorithm Design and Analysis（算法设计与分析）列为必修课程，斯坦福大学和麻省理工学院分别将 Design and Analysis of Algorithms（算法设计与分析）列为核心课程和先导课程。学生通过对算法设计策略的系统学习与研究，理解和掌握算法设计的主要方法，锻炼自身独立分析问题和解决问题的能力，可为将来从事计算机软件系统设计开发及相关领域的科学研究奠定坚实的基础。

　　"算法设计与分析"这门课程在培养学生独立探求新技术和新方法，培养学生创新能力、独立思考能力等方面具有重要作用。然而，算法是一门理论性与实践性要求都很高的课程。首先，算法要求学生具有扎实的数学基础，具备数据结构、高级程序设计语言基础知识及操作技能。其次，算法本身涉及的研究领域较宽，应用性较广，延展性较强，这些都会对学习者学习算法带来一定的困难。对于学习者来说，做到真正理解算法并将其灵活地应用到创新实践并非易事。我们从学习者的角度和立场出发，采用丰富的应用实例，结合直观生动的图例分析以及深入细致的讲解，为学习者提供了一本易于理解、易于掌握的算法教材。

　　本书包含两大部分：算法基础与算法实验。

　　第一部分是算法基础。这一部分内容涵盖经典算法技术，共 6 章。第 1 章为算法概述，第 2 章到第 6 章分别为递归与分治法、动态规划法、贪心算法、回溯法及分支限界法。该部分内容重点阐述算法的基本思想、理论框架。针对具体问题，按照算法解决思路、算法设计、编码实现（Java 语言）及算法复杂性分析的步骤进行详细论述。

　　第二部分是算法实验。第一部分讲述的算法均设置了实验项目。每个实验项目包括实验目的、实验要求、实验内容及实验原理。通过实验，可加深读者对算法基本理论、基本策略、主要方法的理解，培养读者针对具体问题选择合适算法正确、有效解决问题的能力。

在本书编写的过程中，作者参考了多种国内外优秀算法设计与分析方面的教材和论著，从中借鉴思路、素材，如王晓东的《算法设计与分析》、Cormen 的《算法导论》等，在此向有关作者致谢！

衷心感谢金融学科国家级实验教学示范中心（广东金融学院）对本书出版的资助！

编　者

2019 年 5 月

目　录

第 1 部分　算法基础

第 2 部分　算法实验

第 1 部分　算法基础

　　本部分详细介绍算法设计与分析领域的经典技术、理论和方法，内容主要包括算法概述、递归与分治法、动态规划法、贪心算法、回溯法、分支限界法等。针对每种算法，均设计了应用实例，并按照问题提出、算法设计、算法实现（Java语言）和算法复杂性分析的顺序进行了细致的讲解，讲解过程中涉及的算法推理和演算均配置了图解说明，以帮助读者清晰地掌握算法的设计思路与技巧。

第1章　算法概述

计算机操作系统、数据库系统及各种应用软件都是由一系列算法实现的。算法是解决某种问题的方法，是由若干指令组成的有穷序列。例如，设有一个问题，在三个数 a, b, c 中寻找最大的一个。可以设计如下算法：

第1步，设 $x = a$。

第2步，若 $b > x$，则 $x = b$。

第3步，若 $c > x$，则 $x = c$。

这个算法的思路就是顺序查看这三个数，把最大值复制到变量 x 中。算法结束时，x 中保存的是这三个数中的最大值。

上述例子只是一个求解很简单的问题的算法。然而，无论是求解简单问题的算法，还是求解复杂问题的算法，一般而言，都具有以下性质：

1）输入。算法可以有零个或多个外部量作为输入。大多数算法需要有外部量作为输入，例如上述算法就是如此；但有时也可以没有输入，如求 $1 + 2 + \cdots + 100$ 或求 100 以内的质数等。

2）输出。算法至少要产生一个量作为输出。例如，上述例子输出三个数中的最大值。算法是用来解决某种问题的方法，如果没有输出，那么这样的算法毫无意义。

3）确定性。确定性是指组成算法的每条指令需要清晰、无歧义。

4）有限性。有限性是指算法必须在执行有限步后能够停止，且执行每步指令的时间也要有限。例如，操作系统就不是算法，因为其在理论上可以无限时地运行。

为了让算法清晰易懂，需要选择一种好的描述方法。算法的描述方法有多种，如伪代码、自然语言、计算机语言等。

1）伪代码（Pseudocode）。伪代码是介于自然语言和计算机语言之间的文字和符号。它以编程语言的书写形式指明算法的职能，但描述时又不需要真正遵循程序设计语言的语法规则。因此，伪代码在算法描述方面具有较大的灵活性。

2）自然语言。自然语言算法描述就是用人们日常使用的语言描述求解问题的方法和步骤，是一种非形式化描述方法。用自然语言进行算法描述的优点是非常接近人类的思维习惯，即使不熟悉计算机语言的人也很容易理解算法的思想。然而，这种算法描述方法也有缺点，具体体现为自然语言在语法和语义上往往具有多义性，描述烦琐，对程序流向的描述也不够直观、明了。

3）计算机语言（Computer Language）。无论采用何种描述方式，算法若要最终在计算机中执行，都需要转换为相应的计算机语言程序。因此，算法可以直接以计算机语言进行描述，如 C、C++、Java、Python 等计算机语言。

以上讲述了算法的定义、性质及描述方法。接下来介绍算法复杂性。算法复杂性是指算法运行所需的计算机资源的量。需要的时间资源的量称为时间复杂性，需要的空间资源的量称为空间复杂性。需要的资源越多，算法的复杂性越高；反之，算法的复杂性越低。不言而喻，对于任意给定的问题，设计出复杂性尽可能低的算法是算法设计追求的主要目标。当给定的问题已有多种算法时，选择其中复杂性最低者，是在选用算法时需要遵循的重要准则。因此，算法的复杂性对算法设计及选用有重要的指导意义和实用价值。

需要注意的是，算法的复杂性并不能用具体的运算时间去衡量。因为算法的运行速度不仅取决于算法是怎样实现的，而且取决于算法的运算环境。不同性能的计算机，其运算环境有巨大的差别，同一个算法在高性能计算机上运行与在普通 PC 上运行，显然会有不同的执行时间；同一个算法用不同的编程语言编写，也会有不同的运算时间；即使是用同一种编程语言编写的同一个算法，用不同的编译系统实现时，也可能会有不同的运算速度。显然，并不能用具体的运算时间去衡量算法的复杂性。那么到底该如何衡量算法复杂性呢？既然不能用具体的量，那么衡量算法复杂性时显然必须用一个能从运行该算法的实际计算机中脱离出来的抽象的量。规定这个抽象的量只与三个因素有关：算法要求解的问题的规模、算法的输入和算法本身。

如果分别用 N, I 和 A 表示算法要求解问题的规模、算法的输入和算法本身，用 C 表示复杂性，那么有 $C = F(N,I,A)$，其中，$F(N,I,A)$ 是 N, I, A 的确定的三元函数。

一般把时间复杂性和空间复杂性分开，并分别用 T 和 S 来表示，于是有 $T = T(N,I,A)$ 和 $S = S(N,I,A)$。通常，让 A 隐含在复杂性函数名中，此时有 $T = T(N,I)$ 和 $S = S(N,I)$。

算法的时间复杂性越高，算法的执行时间越长；反之，执行时间越短。算法的空间复杂性越高，算法所需要的存储空间越多；反之，需要的存储空间越少。由于时间复杂性和空间复杂性概念雷同，计量方法相似，且空间复杂性分析相对简单，所以一般进行算法分析时主要讨论时间复杂性。

根据 $T = T(N,I)$ 的概念，它应该是该算法在一台抽象计算机上运行所需要的时间。设此抽象计算机提供的元运算有 k 种，分别记为 $O_1, O_2, \cdots, O_k$，设这些元运算每执行一次所需要的时间分别为 $t_1, t_2, \cdots, t_k$，设算法 A 中用到元运算 O_i 的次数为 e_i，$i = 1, \cdots, k$，则 $e_i = e_i(N,I)$，有

$$T = T(N,I) = \sum_{i=1}^{k} t_i e_i(N,I)$$

显然，不可能对规模 N 的每种合法的输入 I 都去统计 $e_i(N,I)$。因此，$T(N,I)$ 的表达式还需进一步简化；或者说，只能在规模 N 的某些或某类有代表性的合法输入中统计相应的 $e_i(N,I)$，以及评价时间复杂性。通常只考虑三种情况下的时间复杂性，即最坏情况、最好情况和平均情况下的时间复杂性，分别记为 $T_{\max}(N)$、$T_{\min}(N)$ 和 $T_{avg}(N)$：

$$T_{\max}(N) = \max_{I \in D_N} T(N,I) = \max_{I \in D_N} \sum_{i=1}^{k} t_i e_i(N,I) = \sum_{i=1}^{k} t_i e_i(N,I^*) = T = T(N,I^*)$$

$$T_{\min}(N) = \min_{I \in D_N} T(N,I) = \min_{I \in D_N} \sum_{i=1}^{k} t_i e_i(N,I) = \sum_{i=1}^{k} t_i e_i(N,\tilde{I}) = T = T(N,\tilde{I})$$

$$T_{avg}(N) = \sum_{I \in D_N} P(I) T(N,I) = \sum_{I \in D_N} P(I) \sum_{i=1}^{k} t_i e_i(N,I)$$

其中，D_N 是规模为 N 的所有合法输入集合；I^* 是 D_N 中达到 $T_{\max}(N)$ 的一个输入；$\tilde{I}$ 是 D_N 中达到 $T_{\min}(N)$ 的一个输入；$P(I)$ 是出现输入为 I 的概率。以上三种情况下的时间复杂性各自从某个角度反映算法的效率，各有各的局限性，也各有各的用处。实践表明，随着经济的发展、社会的进步、科学研究的深入，要求用计算机求解的问题越来越复杂，规模越来越大。人们关心的并不是较小的输入规模，而是在很大的输入实例下算法的性能。因此，可操作性最好且最有实际价值的是最坏情况下的时间复杂性，即算法的运行时间随着输入规模的增长而增长，当规模达到最大时或最差输入状态发生时算法的性能。

一般来说，当 n 单调增加且趋于 ∞ 时，$T(n)$ 也单调增加且趋于 ∞。对于 $T(n)$，如果存在一个函数 $\tilde{T}(n)$，使得当 N 趋于 ∞ 时，有 $((T(n) - \tilde{T}(n))/T(n)) \to 0$，那么称 $\tilde{T}(n)$ 是 $T(n)$ 当 n 趋于 ∞ 时的渐近性态或渐近复杂性。直观上，$\tilde{T}(n)$ 是 $T(n)$ 略去低阶项后剩余的主项，因此它确实比 $T(n)$ 简单。由于当 n 趋于 ∞ 时 $T(n)$ 渐近于 $\tilde{T}(n)$，因此有理由用 $\tilde{T}(n)$ 来替代 $T(n)$ 作为算法在 n 趋于 ∞ 时的复杂性度量。

下面以百钱买百鸡为例，说明渐近时间复杂性。公元前 5 世纪，中国古代数学家张丘建在其《算经》中提出了著名的"百钱买百鸡"问题：鸡翁一，值钱五，鸡母一，值钱三，鸡雏三，值钱一，百钱买百鸡，问翁、母、雏各几何？即一百个铜钱买了一百只鸡，其中公鸡一只 5 钱、母鸡一只 3 钱、雏鸡一钱 3 只，问一百只鸡中公鸡、母鸡、雏鸡各多少？

算法的伪代码如下：

```
for x = 0 to 100
  for y = 0 to 100
    for z = 0 to 100
      if  (x+y+z=100)  and  (5*x+3*y+z/3=100)  then
       System.out.println("  "+x+"  "+y+"  "+z)
      end if
    next z
```

```
        next y
    next x
```
百鸡问题算法的时间复杂性可以表示为

$$T(n) = (n+1)(n+1)(n+1) = n^3 + 3n^2 + 3n + 1$$

$T(n)$ 为百鸡问题算法复杂性函数。当 n 增大时，如当 $n=100$ 万时，算法的执行时间主要取决于式子的第一项，而第二、三、四项对执行时间的影响只有第一项的几十万分之一，因此可以忽略不计。于是，可以用 $\tilde{T}(n) = n^3$ 来替代百鸡问题的时间复杂性 $T(n)$。由于 $\tilde{T}(n)$ 明显比 $T(n)$ 简单，因此这种替代明显地是对复杂性分析的一种简化，其大大降低了算法分析的难度，去除了精确计算产生的负担，使得算法分析任务变得可控。

下面引入表示算法渐近时间复杂性的记号：O, Ω, Θ。

1）大 O 表示法（算法运行时间的上界）

设 $f(n)$ 和 $g(n)$ 是定义在正整数集上的正函数。

若存在正常数 C 和自然数 n_0，使得当 $n \geq n_0$ 时，有 $f(n) \leq Cg(n)$，则称函数 $f(n)$ 在 n 充分大时有上界，且 $g(n)$ 是它的一个上界，记为 $f(n) = O(g(n))$，也称 $f(n)$ 的阶不高于 $g(n)$ 的阶。大 O 表示法如图 1.1 所示。

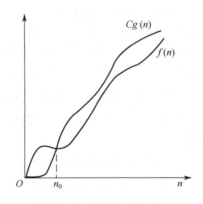

图 1.1　大 O 表示法

【例】$f(n) = 8n^2 + 3n + 2$，求运行时间上界，用大 O 表示法表示。

令 $n_0 = 2$，当 $n \geq n_0$ 时，有 $f(n) \leq 8n^2 + 3n + n \leq 12n^2$。

令 $C = 12$，$g(n) = n^2$，所以有 $f(n) = O(g(n)) = O(n^2)$。

2）大 Ω 表示法（算法运行时间的下界）

设 $f(n)$ 和 $g(n)$ 是定义在正整数集上的正函数。

若存在正常数 C 和自然数 n_0，使得当 $n \geq n_0$ 时有 $f(n) \geq Cg(n)$，则称函数 $f(n)$ 在 n 充分大时有下界，且 $g(n)$ 是它的一个下界，记为 $f(n) = \Omega(g(n))$，也称 $f(n)$ 的阶不低于

$g(n)$ 的阶。大 Ω 表示法如图 1.2 所示。

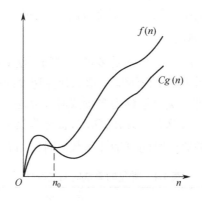

图 1.2　大 Ω 表示法

【例】$f(n) = 8n^2 + 3n + 2$，求运行时间的下界，用大 Ω 表示法表示。

令 $n_0 = 0$，当 $n \geqslant n_0$ 时，有 $f(n) \geqslant 8n^2$。

令 $C = 8$，$g(n) = n^2$，所以有 $f(n) = \Omega(g(n)) = \Omega(n^2)$。

3）大 Θ 表示法（算法运行时间的准确界）

设 $f(n)$ 和 $g(n)$ 是定义在正整数集上的正函数。

若存在正常数 C_1, C_2 和自然数 n_0，使得当 $n \geqslant n_0$ 时有 $C_1 g(n) \leqslant f(n) \leqslant C_2 g(n)$，则称函数 $f(n)$ 在 n 充分大时有上界和下界，且 $C_1 g(n)$ 是它的一个下界，$C_2 g(n)$ 是它的一个上界，记为 $f(n) = \Theta(g(n))$，也称 $f(n)$ 的阶是 $\Theta(g(n))$。大 Θ 表示法如图 1.3 所示。

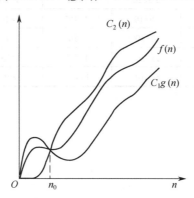

图 1.3　大 Θ 表示法

【例】$f(n) = 8n^2 + 3n + 2$，求运行时间的准确界，用大 Θ 表示法表示。

令 $n_0 = 2$，当 $n \geqslant n_0$ 时，有 $f(n) \leqslant 12n^2$。

令 $n_0 = 0$，当 $n \geq n_0$ 时，有 $f(n) \geq 8n^2$。

令 $C_1 = 8$，$C_2 = 12$，$g(n) = n^2$，有 $8n^2 \leq f(n) \leq 12n^2$。

所以，$f(n) = \Theta(g(n)) = \Theta(n^2)$。

算法按运算时间可以分为两类，分别是多项式时间算法和指数时间算法。如果算法的时间复杂性与输入规模的一个确定的幂同阶，那么计算速度的提高可使解题规模以一个常数因子的倍数增加，习惯上把这类算法称为多项式时间算法。常见的多项式时间算法包括 $O(n),O(n\log n),O(n^2),O(n^3)$。而 $O(2^n),O(n!),O(n^n)$ 被称为指数时间算法。常见的算法时间复杂性如表 1.1 所示，常见的算法时间复杂性函数值对比如表 1.2 所示。

表 1.1　常见的算法时间复杂性

O	说　　明
$O(1)$	称为常数时间（Constant time），表示不论输入的规模是多少，其执行时间总是一样
$O(\log n)$	称为次线性时间（Sub-linear time）或对数时间
$O(n)$	称为线性时间（Linear time），算法的运行时间随数据集的大小呈线性增长
$O(n\log n)$	称为线性乘对数时间
$O(n^2)$	称为平方时间（Quadratic time），算法的运行时间随数据集的大小呈二次方增长
$O(n^3)$	称为立方时间（Cubic time），算法的运行时间随数据集的大小呈三次方增长
$O(2^n)$	称为指数时间（Exponential time），算法的运行时间随数据集的大小呈 2 的 n 次方增长

表 1.2　常见的算法时间复杂性函数值对比

n	$O(\log n)$	$O(n)$	$O(n\log n)$	$O(n^2)$	$O(n^3)$	$O(2^n)$	$O(n!)$
10	3.32	10	3.3×10	1×10^2	1×10^3	1024	1×10^9
10^2	6.64	10^2	6.6×10^2	1×10^4	1×10^6	1.3×10^{30}	1.0×10^{198}
10^3	9.96	10^3	10×10^3	1×10^6	1×10^9	1.1×10^{301}	—
10^4	13.28	10^4	13×10^4	1×10^8	1×10^{12}	—	—
10^5	16.60	10^5	17×10^5	1×10^{10}	1×10^{15}	—	—

第 2 章　递归与分治法

2.1　基本思想

分治法是一种使用广泛且有效的算法设计技术。分治法的基本思想是，将规模较大的、不容易解决的大问题，分割为性质相同但规模较小的子问题，若子问题易于求解，则分别求解子问题，然后由子问题的解构造出原问题的解。

适合用分治法求解的问题一般都具有以下基本特征：

1）该问题可以分解为若干规模较小的子问题。

2）该问题的规模缩小到一定的程度后容易求解。

3）各个子问题相互独立。

4）子问题的解可以合并为原问题的解。

分治法求解问题的步骤主要包括三步：

1）分解（Divide）。当问题的规模超过某一阈值时，将问题分解为规模较小但性质与原问题相同的子问题。

2）递归求解子问题（Conquer）。当子问题的规模不超过阈值容易解出时，直接解子问题；否则，转到第 1 步。

3）合并子问题的解（Merge）。采用合并算法，将各个子问题的解合并为原问题的解。

分治法的一般算法设计模式如下：

```
Divide-and-Conquer(P)
{
  if (|P|<=n₀) Adhoc(P);
  divide P into smaller subinstances P₁,P₂,···,Pₖ;
  for (i=1;i<=k;i++)
    yᵢ=Divide-and-Conquer(Pᵢ);
  return Merge(y₁,···,yₖ);
}
```

其中，P 为待求解问题，$|P|$ 为问题的规模，n_0 为阈值。当问题规模不超过 n_0 时，问题已经很容易解出，此时用 Adhoc(P) 方法直接求解子问题。否则，将问题分解为子问题，采用

相同的策略递归求解各个子问题。最后，采用 Merge$(y_1, \cdots, y_k)$ 合并算法，将问题 P 的子问题 $P_1, P_2, \cdots, P_k$ 的解 $y_1, \cdots, y_k$ 合并成原问题的解。

从分治法的设计模式可以看出，用分治法设计出的算法一般是递归算法。因此，分治法的计算效率通常可以用递归函数来进行分析。

分治法将规模为 n 的问题分解为 a 个规模为 n/b 的子问题。为方便起见，设分解阈值 $n_0 = 1$，且 Adhoc 方法求解规模为 1 的问题耗费 1 个单位时间。另外，将原问题分解为 a 个子问题并用 Merge 方法将 a 个子问题合并成原问题的解，需用 $f(n)$ 个单位时间。用 $T(n)$ 表示分治法 Divide-and-Conquer 的计算时间，有

$$T(n) = \begin{cases} O(1), & n = 1 \\ aT(n/b) + f(n), & n > 1 \end{cases}$$

用主定理法（Master Theorem）解此递归函数，可以得到

$$T(n) = \begin{cases} O(n^k), & a < b^k \\ O(n^k \log_b n), & a = b^k \\ O(n^{\log_b a}), & a > b^k \end{cases}$$

本章介绍采用分治策略的经典算法，包括二分搜索技术、合并排序、快速排序和线性时间选择算法。

2.2 递归算法

递归是算法设计的一个重要手段，在算法设计过程中有很多问题需要利用递归方法求解。在数学中，递归是指在函数定义中调用函数自身的方法，使用自身定义的函数称为递归函数。例如，阶乘函数就是递归函数。阶乘函数可以表示为

$$n! = \begin{cases} 1, & n = 0 \\ n(n-1)!, & n > 0 \end{cases}$$

以 $n = 3$ 为例，有

$$3! = 3 \times 2!$$
$$2! = 2 \times 1!$$
$$1! = 1 \times 0!$$
$$0! = 1$$

因此，$3! = 3 \times 2 \times 1 \times 1 = 6$。

我们注意到，上述阶乘函数表达式的第二个定义式用较小自变量的函数值来表达较大自变量的函数值，函数定义式的左右两边都引用了阶乘记号，这个定义式称为阶乘函数的

递归定义式。我们同时注意到，递归函数递归调用的次数必须是有限的，任何一个递归函数都必须有非递归定义的初始值作为结束递归的条件，否则递归函数就无法计算。上述阶乘函数表达式的第一个定义式规定，当 $n=0$ 时，0 的阶乘等于 1，抵达递归出口，递归调用结束。接下来需要逐步把计算出来的子问题的值传递回去，从而得到原问题的解，即 $3!=3\times2\times1\times1=6$。

阶乘函数的实现代码如下：

```
public static int factorial (int n)
{
  if (n==0) return 1;
  return n * factorial(n-1);
}
```

递归算法指的是直接或间接地调用自身的算法。以 $n=3$ 为例，factorial(3)的求解过程如图 2.1 所示。

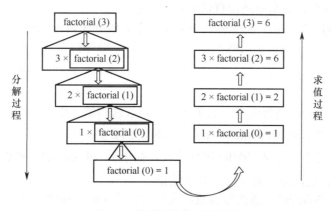

图 2.1　阶乘函数的求解过程

递归算法的执行过程可以划分为"分解"和"求值"两个阶段。在"分解"阶段，大规模的问题被划分为规模较小的子问题，直到满足递归终止条件，抵达递归出口为止；在"求值"阶段，获取最小子问题的解后，逐级返回，依次计算较大子问题的解，直到求得原问题的解。

递归算法在执行时需要多次调用自身，与每次调用相关的一个重要概念是递归算法的调用层次。若调用一个递归算法的主算法为第 0 层算法，则从主算法调用递归算法进入第 1 层调用，从第 1 层算法调用递归算法进入第 2 层调用……从第 i 层算法调用递归算法进入第 $i+1$ 层调用；反之，若退出第 $i+1$ 层递归调用，则返回至第 i 层调用。实现这种递归调用的关键是为算法建立递归调用工作栈。每次递归调用，实参指针、返回地址和局部变量等信息构成一个工作记录，作为一个栈元素压入栈顶；当抵达递归出口或递归调用执行完毕返回调用算法时，需退栈，即从栈顶弹出一个工作记录。当递归算法全部执行完毕时，栈为空。

递归算法把要求解的一个规模较大的问题层层转化为一个或多个与原问题类型相同但规模较小的问题，然后用同样的方法求解规模较小的问题，最终得到原问题的解。对于需要多次重复性计算处理的问题，递归算法只需要少量代码就能描述出解题过程，代码直观清晰，结构简洁明了、易于理解，容易进行复杂性分析与验证。

2.3　二分搜索技术

假如给定已按升序排好序的 n 个元素 $a[0:n-1]$，现要在这 n 个元素中找出某个特定元素 x。例如，在数组 $a[0:6]=\{2,4,6,8,10,12,14\}$ 中找出是否有元素 10。如果有，那么返回其位置；如果没有，那么返回没有该元素的信息。

最容易想到的方法是顺序搜索法，即从第一个元素开始依次比较，直到找到或找不到需要查找的元素。顺序搜索法的时间复杂性为 $O(n)$。顺序搜索法并非最优的，因为其未充分利用元素之间的次序关系。下面研究二分搜索技术。二分搜索也称折半查找，这种算法的基本步骤如下：

1）判断 left $\leqslant$ right 是否成立。如果成立，那么转到第 2 步；否则算法结束。

2）找到数组中间位置 middle $= \lfloor (\text{left} + \text{right}) / 2 \rfloor$。

3）将待查找元素 x 与 $a[\text{middle}]$ 进行比较，如果 $x = a[\text{middle}]$，那么算法找到了待查找元素 x，返回该元素下标，算法结束。

4）如果 $x > a[\text{middle}]$，那么修改数组左边界，令 left $=$ middle $+1$，转到第 1 步。

5）如果 $x < a[\text{middle}]$，那么修改数组右边界，令 right $=$ middle-1，转到第 1 步。

下面以在 $a[0:6]=\{2,4,6,8,10,12,14\}$ 中查找是否有元素 10 为例，说明搜索过程。

1）初始化时，left $= 0$，right $= 6$，如图 2.2 所示。

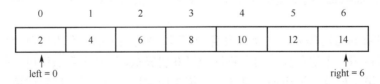

图 2.2　二分搜索计算过程 1

2）因为 left $= 0$，right $= 6$，所以 middle $= \lfloor (\text{left} + \text{right}) / 2 \rfloor = 3$，如图 2.3 所示。

3）将待查找元素 $x = 10$ 与 $a[3] = 8$ 进行比较。因为 $x > a[3]$，所以接下来需要在数组右

半部寻找元素 x。修改数组左边界，令 left = middle+1 = 4，如图 2.4 所示。

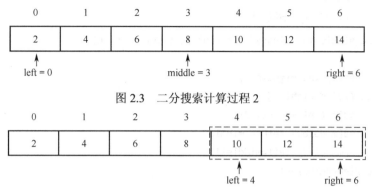

图 2.3　二分搜索计算过程 2

图 2.4　二分搜索计算过程 3

4）因为 left = 4，right = 6，所以 middle = $\lfloor$(left+ right) / 2$\rfloor$ = 5，如图 2.5 所示。

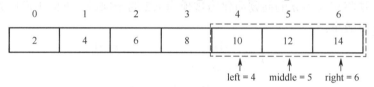

图 2.5　二分搜索计算过程 4

5）将待查找元素 x = 10 与 $a[5]$ = 12 进行比较。因为 $x < a[5]$，所以接下来需要在数组左半部寻找元素 x。修改数组右边界，令 right = middle−1 = 4，如图 2.6 所示。

图 2.6　二分搜索计算过程 5

6）因为 left = 4，right = 4，所以 middle = $\lfloor$(left+ right) / 2$\rfloor$ = 4，如图 2.7 所示。

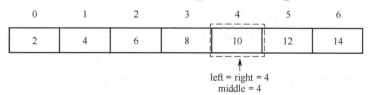

图 2.7　二分搜索计算过程 6

7）将待查找元素 x = 10 与 $a[4]$ = 10 进行比较。因为 $x = a[5]$，算法找到了待查找元素

x，算法结束。

二分搜索算法的实现代码如下[1]：

```
public static int binarySearch(int [] a,int x,int n)
{
 int left=0; int right=n-1;
 while (left<=right) {
 int middle=(left+right)/2;
 if (x==a[middle]) return middle;
 if (x>a[middle]) left=middle+1;
 else right=middle-1;
 }
 return -1;
 }
```

二分搜索法将规模为 n 的问题简化为规模为 $n/2$ 的子问题。下面用递归方程分析二分搜索算法的计算效率：

$$T(n) = \begin{cases} O(1), & n=1 \\ aT(n/b) + f(n), & n>1 \end{cases}$$

$$T(n) = T(n/2) + O(1)$$

$$a=1, b=2, k=0$$

$$a = b^k$$

$$T(n) = O(n^k \log_b n) = O(\log n)$$

二分搜索法在最坏情况下的时间复杂性为 $O(\log n)$。二分搜索术充分利用了元素之间的次序关系，加速了搜索进程，具有较高的搜索效率。

2.4　合并排序

给定一个包含 n 个元素的一维线性序列，例如 $a[0:7]=\{8,4,5,6,2,1,7,3\}$，将这 n 个元素按照非递减顺序排序。合并排序算法的基本思想是，首先将 n 个待排序元素分成两个规模大致相同的子数组。如果子数组规模依然较大，那么继续分割子数组，当子数组只包含单元素时，认为单元素数组本身已经排好序，这时将相邻的两个有序子数组两两合并成所要求的有序序列，算法终止。

下面以 $a[0:7]=\{8,4,5,6,2,1,7,3\}$ 为例，说明合并排序算法的运算过程。

合并排序算法的完整运算过程如图 2.8 所示。

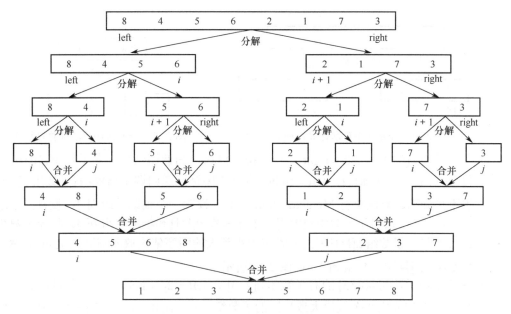

图 2.8　合并排序算法的完整运算过程

合并排序算法的具体运算步骤如下。

1）初始化时，left = 0，right = 7。合并排序算法首先将待排序元素分成两个规模大致相同的子数组，$i = \lfloor (\text{left} + \text{right}) / 2 \rfloor = 3$，分割的位置为 3，两个子数组分别为 $a[0:3]$ 和 $a[4:7]$，如图 2.9 所示。

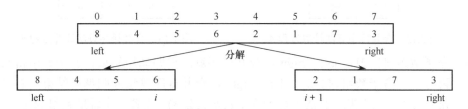

图 2.9　合并排序算法计算过程 1

2）对于左子数组 $a[0:3]$，left = 0，right = 3。合并排序算法继续将 $a[0:3]$ 分成两个规模大致相同的子数组，$i = \lfloor (\text{left} + \text{right}) / 2 \rfloor = 1$，分割的位置为 1，两个子数组分别为 $a[0:1]$ 和 $a[2:3]$，如图 2.10 所示。

3）对于左子数组 $a[0:1]$，left = 0，right = 1。合并排序算法继续将 $a[0:1]$ 分成两个规模大致相同的子数组，$i = \lfloor (\text{left} + \text{right}) / 2 \rfloor = 0$，分割的位置为 0，两个子数组分别为 $a[0:0]$ 和 $a[1:1]$，如图 2.11 所示。

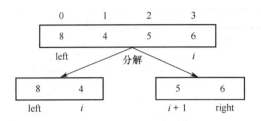

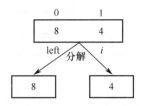

图 2.10　合并排序算法计算过程 2　　　　图 2.11　合并排序算法计算过程 3

4）左子数组 $a[0:0]$，left = right，合并排序算法递归调用结束，左子数组 $a[0:0]$ 不再分割。右子数组 $a[1:1]$，left = right，合并排序算法递归调用结束，右子数组 $a[1:1]$ 也不再分割。算法执行 Merge(a, b, 0, 0, 1)。设置一个辅助数组 $b[\ ]$，设置三个游标 i, j, k 分别指向左子数组 $a[0:0]$、右子数组 $a[1:1]$ 和辅助数组 $b[\ ]$。将左子数组 $a[0:0]$ 与右子数组 $a[1:1]$ 中的元素按由小到大的顺序依次放入辅助数组 $b[\ ]$，然后将数组 $b[\ ]$ 复制回数组 $a[\ ]$，如图 2.12 所示。

5）继续分割子数组 $a[0:3]$ 的右子数组 $a[2:3]$，left = 2，right = 3。合并排序算法继续将 $a[2:3]$ 分成两个规模大致相同的子数组，$i = \lfloor (\text{left} + \text{right}) / 2 \rfloor = 2$，分割的位置为 2，两个子数组分别为 $a[2:2]$ 和 $a[3:3]$，如图 2.13 所示。

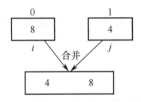

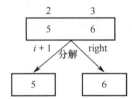

图 2.12　合并排序算法计算过程 4　　　　图 2.13　合并排序算法计算过程 5

6）左子数组 $a[2:2]$，left = right，合并排序算法递归调用结束，左子数组 $a[2:2]$ 不再分割。右子数组 $a[3:3]$，left = right，合并排序算法递归调用结束，右子数组 $a[3:3]$ 也不再分割。算法执行 Merge(a, b, 2, 2, 3)。设置一个辅助数组 $b[\ ]$，设置三个游标 i, j, k 分别指向左子数组 $a[2:2]$、右子数组 $a[3:3]$ 和辅助数组 $b[\ ]$。将左子数组 $a[2:2]$ 与右子数组 $a[3:3]$ 中的元素按由小到大的顺序依次放入辅助数组 $b[\ ]$，然后将数组 $b[\ ]$ 复制回数组 $a[\ ]$，如图 2.14 所示。

7）算法继续执行 Merge(a, b, 0, 1, 3)。设置一个辅助数组 $b[\ ]$，设置三个游标 i, j, k 分别指向左子数组 $a[0:1]$、右子数组 $a[2:3]$ 和辅助数组 $b[\ ]$。将左子数组 $a[0:1]$ 与右子数组 $a[2:3]$ 中的元素按由小到大的顺序依次放入辅助数组 $b[\ ]$，然后将数组 $b[\ ]$ 复制回数组 $a[\ ]$，如图 2.15 所示。

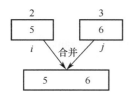

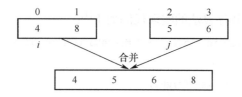

图 2.14　合并排序算法计算过程 6　　　　图 2.15　合并排序算法计算过程 7

8）对 $a[0:7]$ 的右子数组 $a[4:7]$ 执行相同的算法，可以得到排好序的右子数组 $a[4:7] = \{1,2,3,7\}$，如图 2.16 所示。

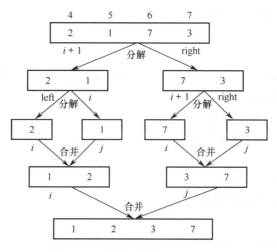

图 2.16　合并排序算法计算过程 8

9）算法继续执行 Merge($a, b, 0, 3, 7$)。设置一个辅助数组 $b[\ ]$，设置三个游标 i, j, k，分别指向左子数组 $a[0:3]$、右子数组 $a[4:7]$ 和辅助数组 $b[\ ]$。将左子数组 $a[0:3]$ 与右子数组 $a[4:7]$ 中的元素按由小到大的顺序依次放入辅助数组 $b[\ ]$，然后将数组 $b[\ ]$ 复制回数组 $a[\ ]$。最终，合并排序算法得到排好序的数组 $a[0:7] = \{1,2,3,4,5,6,7,8\}$，如图 2.17 所示。

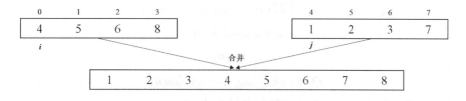

图 2.17　合并排序算法计算过程 9

合并排序算法的实现代码如下[1]：

```
public static void MergeSort(Comparable a[],int left,int right)
{
  if(1eft<right)
  { int i=(left+right)/2;
    MergeSort(a,left,i);
    MergeSort(a,i+1,right);
    Merge(a,b,left,i,right);
    Copy(a,b,left,right);
  }
}
void Merge(Comparable [] c,Comparable d[],int l,int m,int r)
{ int  i=l,j=m+1,k=l;
  while ((i<=m)&&(j<=r))
    if (c[i].compareTo(c[j])<=0)
      d[k++]=c[i++];
    else d[k++]=c[j++];
    //将剩余的部分归并到d[]中
    if (i>m)
   for (int q=j;q<=r;q++)
   d[k++]=c[q];
  else for(int q=i;q<=m;q++)
      d[k++]=c[q];
  }
```

合并排序算法将规模为 n 的问题分解为两个规模为 $n/2$ 的子问题。下面用递归方程分析合并排序算法的计算效率：

$$T(n) = \begin{cases} O(1), & n=1 \\ 2T(n/2) + O(n), & n>1 \end{cases}$$

$$a=2, b=2, k=1$$

$$a=b^k$$

$$T(n) = O(n^k \log_b n) = O(n \log n)$$

合并排序算法在最坏情况下的时间复杂性为 $O(n \log n)$。

2.5　快速排序

给定一个包含 n 个元素的一维线性序列 $a[p:r]$，例如 $a[0:7] = \{5,3,1,9,8,2,4,7\}$，将这 n 个元素按照非递减顺序排序。快速排序算法利用分治策略实现对 n 个元素的排序，算法的执行过程包括以下三步。

1）分解

快速排序首先选择一个元素作为划分的基准元素，默认选择第一个元素作为基准元素，然后从第 2 个元素开始，将数组中的元素与基准元素一一比较，一旦发现比基准元素小的元素，就将其放到基准元素的左边；一旦发现比基准大的元素，就把它放到基准元素的右边。扫描结束时，数组被分成了三段。基准元素位于中间位置，所在的位置为 q，即中间子数组是 $a[q]$；比基准元素小的元素构成左子数组 $a[p:q-1]$；比基准元素大的元素构成右子数组 $a[q+1:r]$。这个步骤称为分解。

2）递归求解

左、右两个子数组是与原问题相同的两个子问题。若子数组长度为 1，则其为有序的；否则采用相同的策略递归地求解左、右子问题。

3）合并

对于每个基准元素而言，每次分解都完成了对这个元素的排序。因此，快速排序的合并步骤不需要执行任何操作。

下面以 $a[0:7] = \{5,3,1,9,8,2,4,7\}$ 为例，说明快速排序算法的计算过程。快速排序算法的具体运算步骤如下：

1）初始化时，$p=0$，$r=7$。设基准元素 $x = a[p] = a[0] = 5$，设置两个游标 i，j，令 $i=p$，$j=r+1$；首先从第 2 个元素开始由左向右找比 5 大的元素，找到 $a[3]=9$，$i=3$；接着从最后一个元素开始由右向左找比 5 小的元素，找到 $a[6]=4$，$j=6$；交换 $a[3]$ 与 $a[6]$；继续从 $a[3]$ 开始由左向右找比 5 大的元素，找到 $a[4]=8$，$i=4$；继续从 $a[6]$ 开始由右向左找比 5 小的元素，找到 $a[5]=2$，$j=5$；交换 $a[4]$ 与 $a[5]$；继续从 $a[4]$ 开始由左向右找比 5 大的元素，找到 $a[5]=8$，$i=5$；继续从 $a[5]$ 开始由右向左找比 5 小的元素，找到 $a[4]=2$，$j=4$；这时 $i>j$，停止比较，将 $a[0]$ 与 $a[4]$ 交换；将 j 的值返回，赋给变量 q，$q=4$；至此，基准元素 5 左边的元素均比它小，右边的元素均比它大。因此，基准元素 5 确定了其在有序数组中的最终位置，该元素是第 5 大的元素。该步骤的运算过程如图 2.18 所示。

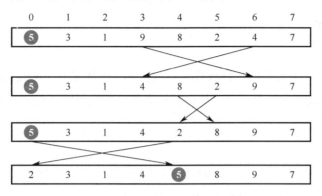

图 2.18 快速排序算法计算过程 1

2）数组 *a*[0:7]被划分为三段：*a*[0:3], *a*[4]与 *a*[5:7]。接下来按照同样的策略，通过递归调用快速排序算法分别对 *a*[0:3]与 *a*[5:7]进行排序，最终所有数据元素被排成有序序列。该步骤的运算过程如图 2.19 所示。

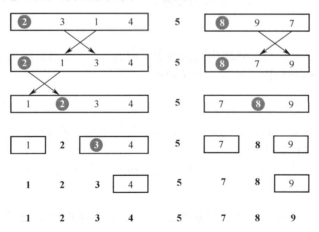

图 2.19 快速排序算法计算过程 2

快速排序算法的实现代码如下[1]：

```
private static void quickSort(int p,int r)
{
    if(p<r)
    {
        int q=partition(p,r);
        quickSort(p,q-1); //对数组左半段排序
        quickSort(q+1,r); //对数组右半段排序
```

```
          }
     }
     private static int partition(int p,int r)
     {
      Comparable x=a[p];
      int i=p,j=r+1;
       while(true) {
        while(a[++i].compareTo(x)<0&&i<r);
        while(a[--j].compareTo(x)>0);
        if (i>=j) break;
        MyMath.swap(a,i,j);
        }
       a[p]=a[j];
       a[j]=x;
       return j;
      }
```

快速排序算法时间复杂性分析如下。

1）最好情况

快速排序算法在最好情况下每次将规模为 n 的问题分解为两个规模为 $n/2$ 的子问题。采用递归方程分析快速排序算法的计算效率如下：

$$T(n) = \begin{cases} O(1), & n=1 \\ 2T(n/2)+O(n), & n>1 \end{cases}$$

$$a=2, b=2, k=1$$

$$a=b^k$$

$$T(n)=O(n^k \log_b n)=O(n\log n)$$

2）最坏情况

快速排序算法的执行效率取决于基准元素的选择。然而，如果给定的数组本身是有序的，那么每次选择第一个元素作为基准元素时，就会出现划分不平衡的情况，最坏时间复杂性会达到 $O(n^2)$：

$$T(n) = \begin{cases} O(1) \\ T(n-1)+O(n) \end{cases}$$

$$T(n)=O(n^2)$$

为解决这个问题，常用的方法有平衡快速排序法和基于随机支点选择的快速排序法。平衡快速排序法取数组开头、中间和结尾的元素，在三个元素中取中值元素，然后将中值元素作为基准元素。

基于随机支点选择的快速排序法则在数组中随机选择一个元素作为基准元素。随机选择支点的快速排序算法如下：

```
private static void randomizedQuickSort(int p,int r)
{
 if (p<r)
 {
   int q=randomizedPartition(p,r);
   randomizedQuickSort(p,q-1); //对左半段排序
   randomizedQuickSoft(q+1,r); //对右半段排序
  }
}
private static int randomizedPartition(int p,int r)
{
   int i=random(p,r);
   MyMath.swap(a,i,p);
   return Partition(p,r);
}
```

然而，基于随机选择支点的快速排序算法在最坏情况下的时间复杂性依然是 $O(n^2)$，只不过理论上出现最坏情况的概率仅为 $1/2^n$。因为发生的概率太低，我们不需要讨论最坏情况下的时间复杂性。

3）平均情况

对基于随机选择支点的快速排序算法，我们只讨论平均情况下的时间复杂性：

$$T(n) = \begin{cases} O(1) \\ 2T(n/2) + O(n) \end{cases}$$

$$T(n) = O(n\log n)$$

2.6 线性时间选择

给定一个包含 n 个元素的一维线性序列 $a[p:r]$，从这 n 个元素中找出第 k 小的元素，$1 \leqslant k \leqslant n$。当 $k=1$ 时，即找出最小值；当 $k=n$ 时，即找出最大值。找出最大值或最小值时，采用顺序比较法可以轻易解决，其时间复杂性是 $O(n)$。然而，如果 k 不固定，该如何解决这个问题呢？下面介绍最坏情况下用线性时间找第 k 小元素的方法。

首先需要借助快速排序算法中的分割步骤。快速排序算法的分割步骤是由 partition 函数完成的，partition 函数的主要功能是划分：以第一个元素为基准元素，将小于基准元素的元素放到基准元素的左边，将大于基准元素的元素放到基准元素的右边。算法代码如下：

```
private static int partition(int p,int r)
{
  Comparable x=a[p];
  int i=p, j=r+1;
  while(true) {
    while(a[++i].compareTo(x)<0&&i<r);
    while(a[--j].compareTo(x)>0);
    if (i>=j) break;
    MyMath.swap(a,i,j);
    }
  a[p]=a[j];
  a[j]=x;
  return j;
}
```

partition 函数完成数组分割之后，如果要找的第 k 小元素正好等于基准元素，那么就找到了要寻找的元素，算法结束；如果要找的第 k 小元素比基准元素小，那么只需在左子数组中继续寻找；如果要找的第 k 小元素比基准元素大，那么只需在右子数组中继续寻找。算法如下：

```
private static Comparable select(int p,int r,int k)
{
  if (p==r) return a[p];
  int i=partition(p,r),
  j=i-p+1;
  if (k<=j) return select(p,i,k);
  else return select(i+1,r,k-j);
}
```

利用 partition 函数，最好情况下可以每次将计算规模大致缩小一半，算法的时间复杂性是 $O(n)$。然而，快速排序在划分不均衡的极端情形下会出现一个子数组为空，而另外一个子数组数据规模只减少 1 的情况。因此，最坏时间复杂性会达到 $O(n^2)$。

采用基于随机化的划分 randomizedSelect，可以对算法进行改进：

```
private static Comparable randomizedSelect(int p,int r,int k)
{
```

```
if (p==r) return a[p];
int i=randomizedpartition(p,r),
j=i-p+1;
if (k<=j) return randomizedSelect(p,i,k);
else return randomizedSelect(i+1,r,k-j);
}
```

randomizedSelect 算法确实能够保证在平均情况下用 $O(n)$ 线性时间找到第 k 小的元素，但能否在最坏情况下也能用线性时间完成选择问题呢？下面介绍线性时间选择算法。

线性时间选择算法的基本思想是，在递归调用的每次分割步骤中放弃一个固定部分的元素。例如，每次至少放弃 $n/4$ 个元素，然后在剩余的 $3n/4$ 个元素中以相同的思想进行递归运算。这样，问题的规模就能以几何级数递减。下面按照上述思路，以 $a[0:24] = \{11,3,13,37,43,16,5,7,41,54,19,6,32,25,52,31,8,17,60,33,35,4,57,9,51\}$ 为例，说明线性时间选择算法选择第 k 小元素的步骤：

1）若元素的个数小于某一阈值（如 $n < 75$），则采用任意一种排序算法比如冒泡排序对数组进行排序，数组中的第 k 个元素即是所求元素，否则转到步骤 2。

2）将 n 个元素每 5 个元素一组划分为 $\lceil n/5 \rceil$ 组，若最后一组不足 5 个元素，则不处理该组。本例分为 5 组，即(11, 3, 13, 37, 43), (16, 5, 7, 41, 54), (19, 6, 32, 25, 52), (31, 8, 17, 60, 33)和(35, 4, 57, 9, 51)，如图 2.20 所示。

11	16	19	31	35
3	5	6	8	4
13	7	32	17	57
37	41	25	60	9
43	54	52	33	51

图 2.20 线性时间选择算法计算过程 1

3）采用任意一种排序算法比如冒泡排序算法，对每组元素进行排序，结果如图 2.21 所示。

3	5	6	8	4
11	7	19	17	9
13	16	25	31	35
37	41	32	33	51
43	54	52	60	57

图 2.21 线性时间选择算法计算过程 2

4）接下来提取每组元素的中位数，共 $\lceil n/5 \rceil$ 个，并将它们读入数组 $a[\ ]$，结果如图 2.22 所示。

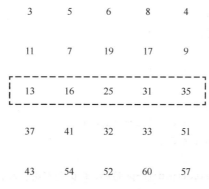

图 2.22 线性时间选择算法计算过程 3

5）转到第 1 步，对数组 $a[\ ]$ 递归地使用上述算法取中位数集合的中位数，将该值赋予变量 x，得到 $x=25$，结果如图 2.23 所示。

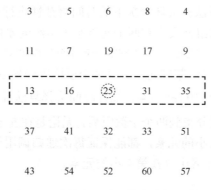

图 2.23 线性时间选择算法计算过程 4

6）将 $x = 25$ 作为划分的基准元素，调用快速排序算法的 partition 函数，将原数组划分为左右两个子数组。左子数组中的元素均不大于 25，右子数组中的元素均大于 25。将元素 25 的下标 12 赋予变量 i，同时计算出元素 25 在原数组中是第 $j = i - p + 1 = 13$ 大的元素。

7）若要选择第 k 小的元素，只需将 k 与 j 进行比较。若 $k \leqslant j$，则待查找的元素必在左子数组 $a[0:12]$ 中；否则，待查找的元素必在右子数组 $a[13:24]$ 中。

8）返回步骤 1，以相同的策略在左子数组或右子数组中递归地寻找第 k 小的元素。

线性时间选择算法的实现代码如下[1]：

```
private static Comparable Select(int p,int r,int k)
{
  if (r-p<75)
  {
    bubbleSort(p,r);
    return a[p+k-1];
  }
  for(int i=0;i<=(r-p-4)/5;i++)
   {
     int s=p+5*i,t=s+4;
     for(int j=0;j<3;j++)bubbleSort(s,t-j);
     MyMath.swap(a,p+i,s+2);
   }
   Comparable x=Select(p,p+(r-p-4)/5,(r-p+6)/10); //找中位数的中位数
   int  i=Partition(p,r,x),j=i-p+1;
   if (k<=j) return Select(p,i,k);
   else return Select(i+1,r,k-j);
}
```

下面对线性时间选择算法在最坏情况下的时间复杂性进行分析。假设所有元素互不相同，在这种情况下，因为每组元素中有两个元素小于本组元素的中位数，而 $n/5$ 个中位数中又有 $\lfloor (n-5)/10 \rfloor$ 个小于基准元素 x，因此，找出的基准元素 x 至少要比虚线框 A 中的 $3\lfloor (n-5)/10 \rfloor$ 个元素大。同理，基准元素 x 也至少要比虚线框 B 中的 $3\lfloor (n-5)/10 \rfloor$ 个元素小。当 $n \geqslant 75$ 时，$3\lfloor (n-5)/10 \rfloor \geqslant n/4$。线性时间选择算法计算过程如图 2.24 所示。

因此，按该基准元素划分得到两个子数组后，无论是在左子数组中寻找第 k 小的元素还是在右子数组中寻找第 k 小的元素，都能保证每次递归调用至少放弃 $n/4$ 个元素，于是只需在剩余的最多 $3n/4$ 个元素中寻找第 k 小的元素。

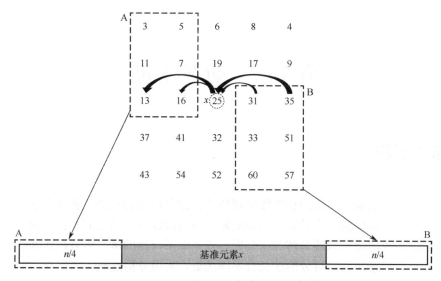

图 2.24　线性时间选择算法计算过程

因此，线性时间选择算法在最坏情况下的时间复杂性为

$$T(n) \leqslant \begin{cases} C_1, & n < 75 \\ C_2 n + T(n/5) + T(3n/4), & n \geqslant 75 \end{cases}$$

其中，算法运算步骤 1 花费 C_1 常数时间，步骤 5 花费 $T(n/5)$ 时间，步骤 6 执行 partition 函数花费线性时间 $C_2 n$，步骤 7 最多花费 $T(3n/4)$ 时间。解上述递归方程，$T(n/5)+T(3n/4)=T(19n/20)$，$a=1, b=20/19, k=1$，$a<b^k$，由公式 2.1 小节公式可以，算法在最坏情况下的时间复杂性为 $T(n)=O(n)$。

第 3 章　动态规划

3.1　基本思想

第 2 章讲解了分治法，分治法将较大规模的问题分解为规模较小的子问题，首先求解子问题，然后将子问题的解合并为原问题的解。动态规划与分治法有相同之处。动态规划在求解问题时，也需将原问题分解为子问题，首先求子问题的解，然后在此基础上求原问题的解。然而，动态规划法与分治法又有不同之处。采用分治法时，子问题与原问题性质相同并且相互独立，而动态规划求解过程中产生的子问题却相互重叠在一起，并非相互独立。因此，如果依然使用分治法求解子问题，那么就需要重复计算很多子问题，从而导致运算效率降低。而动态规划采取了一种策略，即在求解子问题时，一旦得到一个子问题的解，并不是把这个解丢弃，而是将其记录到一个表格中。未来一旦需要用到这个子问题的解，只需回到表格中，以常数时间获取这个子问题的解并直接使用即可。因此，动态规划法具有较高的运算效率，对于很多问题都能得到多项式时间解。

1．动态规划法的基本思想

动态规划法是理查德·贝尔曼于 1957 年在其著作 *Dynamic Programming* 中提出的。动态规划法也采用了分治的思想，将原问题划分为子问题，以自底向上的方式求解子问题。对所有已经求解的子问题，动态规划法将子问题的解记录到表格中。求解较大的子问题时，一旦要用到已求解的较小子问题的解，就返回表格中以常数时间查询较小子问题的解并直接使用。

2．动态规划法的基本要素

能用动态规划法求解的问题须具备两个基本性质：最优子结构性质与子问题重叠性质。

（1）最优子结构性质

当问题的最优解包含其子问题的最优解时，称该问题具有最优子结构性质。问题的最优子结构性质提供了该问题可用动态规划算法求解的重要依据。如果一个问题不具备最优子结构性质，那么这个问题就不能用动态规划算法求解。在证明一个问题具有最优子结构性质时，一般首先假设由问题的最优解导出的子问题的解不是最优的，然后构造一个子问题的最优解，通过子问题的最优解再构造出比原问题更优的一个解，从而产生矛盾。

刻画问题的最优子结构特征后，就可建立问题最优值的递归定义，然后以自底向上的方式逐步由子问题的最优解构造整个问题的最优解。

（2）子问题重叠性质

子问题重叠是指在问题求解的过程中，有大量子问题会重复出现。为了不多次反复计算相同的子问题，动态规划算法设计一个表格，所有子问题均只计算一次，凡被计算过的子问题，其最优解均被记录到表格中，当再次需要求解此子问题时，只需用常数时间获取子问题的最优解，而不需要重新计算子问题。因此，用动态规划算法通常会获得问题的多项式时间解，具有较高的运算效率。

3．动态规划法的基本步骤

1）分析问题的最优解性质，刻画最优解的结构特征。

2）建立最优值的递归定义。

3）以自底向上的方式计算出最优值。

4）构造问题的最优解。

3.2　矩阵连乘

矩阵是纵横排列的二维数据表格。如果一个矩阵 A 有 p 行、q 列，那么我们称矩阵 A 是一个 $p \times q$ 的矩阵。给定 n 个矩阵 $\{A_1, A_2, \cdots, A_n\}$，其中 A_i 与 A_{i+1} 是可乘的，$i = 1, 2, \cdots, n-1$。考察这 n 个矩阵 $A_1, A_2, \cdots, A_n$ 的连乘积。例如，有矩阵 A 与矩阵 B，考察矩阵 A 与矩阵 B 相乘：

$$A = \begin{bmatrix} 1\,2\,3 \\ 4\,5\,6 \end{bmatrix}, \qquad B = \begin{bmatrix} 1\,4 \\ 2\,5 \\ 3\,6 \end{bmatrix}$$

$$C = A \times B$$

$$= \begin{bmatrix} 1\times1+2\times2+3\times3 & 1\times4+2\times5+3\times6 \\ 4\times1+5\times2+6\times3 & 4\times4+5\times5+6\times6 \end{bmatrix}$$

$$= \begin{bmatrix} 14 & 32 \\ 32 & 77 \end{bmatrix}$$

A 是一个 $p \times q$ 的矩阵，矩阵 B 是一个 $q \times r$ 的矩阵，两个矩阵相乘，得到一个 $p \times r$ 的矩阵，共用了 $p \times q \times r$ 次乘法。

由于矩阵乘法满足结合律，因此计算矩阵连乘积的计算次序有多种。矩阵连乘积的计算次序可用加括号的方式来确定。若一个矩阵连乘积的计算次序完全确定，则该连乘积已完全加括号。完全加括号的矩阵连乘积可递归地定义如下。

1）单个矩阵是完全加括号的。

2）若矩阵连乘积 B 是完全加括号的，则 B 可表示为两个完全加括号的矩阵连乘积 B_1 和 B_2 的乘积并加括号，即 $B = (B_1 B_2)$。

例如，设有三个矩阵 A_1, A_2, A_3，它们的维数分别如下：

$$A_1 为 10 \times 100 \quad , \quad A_2 为 100 \times 5 \quad , \quad A_3 为 5 \times 50$$

三个矩阵的连乘积共有两种完全加括号的方式：

$$((A_1 A_2) A_3) \text{ 和 } (A_1 (A_2 A_3))$$

不同的加括号方式有不同的数乘次数。三个矩阵连乘积的两种完全加括号方式的数乘次数分别如下：

第一种为 $10 \times 100 \times 5 + 10 \times 5 \times 50 = 7500$。

第二种为 $100 \times 5 \times 50 + 10 \times 100 \times 50 = 75000$。

可见，矩阵乘法的计算次序会对矩阵连乘积的计算量产生重要影响。因此，我们需要找出最优计算次序来使得矩阵连乘积所需的计算量最少。下面用动态规划算法求解这个问题。

矩阵连乘积问题的描述：给定 n 个矩阵 $\{A_1, A_2, \cdots, A_n\}$，$A_i$ 的维数为 $p_{i-1} \times p_i$，A_i 与 A_{i+1} 是可乘的，$i = 1, 2, \cdots, n-1$。如何确定计算矩阵连乘积的计算次序，使得依此次序计算矩阵的连乘积所需的数乘次数最少？

1. 找出最优解的性质，并刻画其结构特征

1）将矩阵连乘积 $A_i A_{i+1} \cdots A_j$ 简记为 $A[i:j]$，$i \leq j$，其中 A_i 与 A_{i+1} 是可乘的，$i = 1, 2, \cdots, n-1$，A_i 的维数为 $p_{i-1} \times p_i$。

2）考察 $A[i:j]$ 的最优计算次序。设这个计算次序在矩阵 A_k 和 A_{k+1} 之间将矩阵链断开，$i \leq k < j$，则其相应的完全加括号方式为 $(A_i A_{i+1} \cdots A_k)(A_{k+1} A_{k+2} \cdots A_j)$。

3）计算量：$A[i:k]$ 的计算量加上 $A[k+1:j]$ 的计算量，再加上 $A[i:k]$ 和 $A[k+1:j]$ 相乘的计算量。

这个问题的一个关键特征是，计算 $A[i:j]$ 的最优次序所包含的计算子矩阵链 $A[i:k]$ 和 $A[k+1:j]$ 的计算次序也是最优的。事实上，若有一个计算 $A[i:k]$ 的次序需要更少的计算量，则用此次序替换原来计算 $A[i:k]$ 的次序，得到的计算 $A[i:j]$ 的计算量将比最优次序所需的计算量更少，这是一个矛盾。同理可知，计算 $A[i:j]$ 的最优次序所包含的计算矩阵子链 $A[k+1:j]$ 的次序也是最优的。

因此，矩阵连乘积计算次序问题的最优解包含着其子问题的最优解。矩阵连乘问题的最优子结构性质是该问题可用动态规划算法求解的显著特征。

2. 建立递归关系

设计动态规划算法的第二步是递归定义最优值。对于矩阵连乘积的最优计算次序问题，假设计算 $A[i:j]\,(1\leqslant i\leqslant j\leqslant n)$ 所需的最少数乘次数为 $m[i][j]$。

1）当 $i=j$ 时，$A[i:j]=A_i$ 为单一矩阵，此时无须计算，$m[i,i]=0,i=1,2,\cdots,n$。

2）当 $i<j$ 时，可以利用最优子结构性质来计算 $m[i][j]$。假设计算 $A[i:j]$ 的最优计算次序在 A_k 和 A_{k+1} 之间断开，则 $m[i][j]$ 可以递归地定义为

$$m[i][j]=\begin{cases} 0, & i=j \\ \min_{i\leqslant k<j}\{m[i][k]+m[k+1][j]+p_{i-1}p_kp_j\}, & i<j \end{cases}$$

式中，A_i 的维数为 $p_{i-1}\times p_i$。

3）在计算过程中，并不知道 k 的确定位置，但 k 的位置只有 $j-i$ 种可能。

3. 以自底向上的方式计算最优值

矩阵连乘算法的实现代码如下[1]：

```
public static void MatrixChain (int []p,int [][]m,int [][]s)
{
 for (int i=1;i<=n;i++) m[i][i]=0; //单一矩阵计算量为0
 for (int r=2;r<=n;r++)
 for (int i=1;i<=n-r+1;i++) {
  int j=i+r-1;
  m[i][j]=m[i][i]+m[i+1][j]+p[i-1]p[i]p[j]; //设最先断开的位置为 Ai
  s[i][j]=i;
  for (int k=i+1;k<j;k++)
  {
   int t=m[i][k]+m[k+1][j]+p[i-1]p[k]p[j];
   if (t<m[i][j]) {m[i][j]=t; s[i][j]=k;}
  }
 }
}
```

应用举例如下。设有 6 个矩阵连乘 $A_1A_2A_3A_4A_5A_6$，找出最优计算次序使得矩阵连乘所需的计算量最少。矩阵 A_i 的维数如表 3.1 所示。

表 3.1 矩阵 A_i 的维数

A_1	A_2	A_3	A_4	A_5	A_6
30×35	35×15	15×5	5×10	10×20	20×25

第 1 步，$r=1$ 时，单一矩阵是完全加括号的，计算结果如图 3.1 所示。

$m[1][1] = 0$，$m[2][2] = 0$，$m[3][3] = 0$，$m[4][4] = 0$，$m[5][5] = 0$，$m[6][6] = 0$。

$s[1][1] = 0$，$s[2][2] = 0$，$s[3][3] = 0$，$s[4][4] = 0$，$s[5][5] = 0$，$s[6][6] = 0$。

	1	2	3	4	5	6
1	0					
2		0				
3			0			
4				0		
5					0	
6						0

(a) $m[i][j]$

	1	2	3	4	5	6
1	0					
2		0				
3			0			
4				0		
5					0	
6						0

(b) $s[i][j]$

图 3.1　单一矩阵相乘的计算结果

第 2 步，$r = 2$ 时计算两个矩阵连乘的最优值，计算结果如图 3.2 所示。

	1	2	3	4	5	6
1	0	15750				
2		0	2625			
3			0	750		
4				0	1000	
5					0	5000
6						0

(a) $m[i][j]$

	1	2	3	4	5	6
1	0	1				
2		0	2			
3			0	3		
4				0	4	
5					0	5
6						0

(b) $s[i][j]$

图 3.2　两个矩阵连乘最优值的计算结果

$i = 1, j = 2$ 时，计算 $A_1 A_2$：

　　$m[1][2] = m[1][1] + m[2][2] + p[0]p[1]p[2] = 15750$

　　$s[1][2] = 1$

$i = 2, j = 3$ 时，计算 $A_2 A_3$：

　　$m[2][3] = m[2][2] + m[3][3] + p[1]p[2]p[3] = 2625$

　　$s[2][3] = 2$

$i = 3, j = 4$ 时，计算 $A_3 A_4$：

　　$m[3][4] = m[3][3] + m[4][4] + p[2]p[3]p[4] = 750$

　　$s[3][4] = 3$

$i = 4, j = 5$ 时，计算 A_4A_5：

    $m[4][5] = m[4][4] + m[5][5] + p[3]p[4]p[5] = 1000$

    $s[4][5] = 4$

$i = 5, j = 6$ 时，计算 A_5A_6：

    $m[5][6] = m[5][5] + m[6][6] + p[4]p[5]p[6] = 5000$

    $s[5][6] = 5$

第 3 步，$r = 3$ 时计算三个矩阵连乘的最优值，计算结果如图 3.3 所示。

	1	2	3	4	5	6
1	0	15750	7875			
2		0	2625	4375		
3			0	750	2500	
4				0	1000	3500
5					0	5000
6						0

	1	2	3	4	5	6
1	0	1	1			
2		0	2	3		
3			0	3	3	
4				0	4	5
5					0	5
6						0

(a) $m[i][j]$ (b) $s[i][j]$

图 3.3　三个矩阵连乘最优值的计算结果

$i = 1, j = 3$ 时，计算 $A_1A_2A_3$：

    $m[1][3] = m[1][1] + m[2][3] + p[0]p[1]p[3] = 7875$

    $k = 2$ 时，$m[1][3] = m[1][2] + m[3][3] + p[0]p[2]p[3] = 18000$

    $m[1][3] = 7875$

    $s[1][3] = 1$

$i = 2, j = 4$ 时，计算 $A_2A_3A_4$：

    $m[2][4] = m[2][2] + m[3][4] + p[1]p[2]p[4] = 6000$

    $k = 3$ 时，$m[2][4] = m[2][3] + m[4][4] + p[1]p[3]p[4] = 4375$

    $m[2][4] = 4375$

    $s[2][4] = 3$

$i = 3, j = 5$ 时，计算 $A_3A_4A_5$：

    $m[3][5] = m[3][3] + m[4][5] + p[2]p[3]p[5] = 2500$

    $k = 4$ 时，$m[3][5] = m[3][4] + m[5][5] + p[2]p[4]p[5] = 3750$

    $m[3][5] = 2500$

    $s[3][5] = 3$

$i = 4, j = 6$ 时，计算 $A_4A_5A_6$：

    $m[4][6] = m[4][4] + m[5][6] + p[3]p[4]p[6] = 6250$

    $k = 5$ 时，$m[4][6] = m[4][5] + m[6][6] + p[3]p[5]p[6] = 3500$

$m[4][6] = 3500$

$s[4][6] = 5$

第 4 步，$r = 4$ 时计算四个矩阵连乘的最优值，计算结果如图 3.4 所示。

$i = 1, j = 4$ 时计算 $A_1A_2A_3A_4$：

$m[1][4] = m[1][1] + m[2][4] + p[0]p[1]p[4] = 14875$

$k = 2$ 时，$m[1][4] = m[1][2] + m[3][4] + p[0]p[2]p[4] = 21000$

$k = 3$ 时，$m[1][4] = m[1][3] + m[4][4] + p[0]p[3]p[4] = 9375$

$m[1][4] = 9375$

$s[1][4] = 3$

$i = 2, j = 5$ 时计算 $A_2A_3A_4A_5$：

$m[2][5] = m[2][2] + m[3][5] + p[1]p[2]p[5] = 13000$

$k = 3$ 时，$m[2][5] = m[2][3] + m[4][5] + p[1]p[3]p[5] = 7125$

$k = 4$ 时，$m[2][5] = m[2][4] + m[5][5] + p[1]p[4]p[5] = 11375$

$m[2][5] = 7125$

$s[2][5] = 3$

$i = 3, j = 6$ 时计算 $A_3A_4A_5A_6$：

$m[3][6] = m[3][3] + m[4][6] + p[2]p[3]p[6] = 5375$

$k = 4$ 时，$m[3][6] = m[3][4] + m[5][6] + p[2]p[4]p[6] = 9500$

$k = 5$ 时，$m[3][6] = m[3][5] + m[6][6] + p[2]p[5]p[6] = 10000$

$m[3][6] = 5375$

$s[3][6] = 3$

	1	2	3	4	5	6
1	0	15750	7875	9375		
2		0	2625	4375	7125	
3			0	750	2500	5375
4				0	1000	3500
5					0	5000
6						0

(a) $m[i][j]$

	1	2	3	4	5	6
1	0	1	1	3		
2		0	2	3	3	
3			0	3	3	3
4				0	4	5
5					0	5
6						0

(b) $s[i][j]$

图 3.4 四个矩阵连乘最优值的计算结果

第 5 步，$r = 5$ 时计算五个矩阵连乘的最优值，计算结果如图 3.5 所示。

$i = 1, j = 5$ 时，计算 $A_1A_2A_3A_4A_5$：

$m[1][5] = m[1][1] + m[2][5] + p[0]p[1]p[5] = 28125$

$k = 2$ 时，$m[1][5] = m[1][2] + m[3][5] + p[0]p[2]p[5] = 27250$

$k = 3$ 时，$m[1][5] = m[1][3] + m[4][5] + p[0]p[3]p[5] = 11875$

$k = 4$ 时，$m[1][5] = m[1][4] + m[5][5] + p[0]p[4]p[5] = 15375$

$m[1][5] = 11875$

$s[1][5] = 3$

$i = 2, j = 6$ 时，计算 $A_2A_3A_4A_5A_6$：

$m[2][6] = m[2][2] + m[3][6] + p[1]p[2]p[6] = 13125$

$k = 3$ 时，$m[2][6] = m[2][3] + m[4][6] + p[1]p[3]p[6] = 10500$

$k = 4$ 时，$m[2][6] = m[2][4] + m[5][6] + p[1]p[4]p[6] = 18075$

$k = 5$ 时，$m[2][6] = m[2][5] + m[6][6] + p[1]p[5]p[6] = 24625$

$m[2][6] = 10500$

$s[2][6] = 3$

	1	2	3	4	5	6
1	0	15750	7875	9375	11875	
2		0	2625	4375	7125	10500
3			0	750	2500	5375
4				0	1000	3500
5					0	5000
6						0

(a) $m[i][j]$

	1	2	3	4	5	6
1	0	1	1	3	3	
2		0	2	3	3	3
3			0	3	3	3
4				0	4	5
5					0	5
6						0

(b) $s[i][j]$

图 3.5　五个矩阵连乘最优值的计算结果

第 6 步，$r = 6$ 时计算六个矩阵连乘的最优值，计算结果如图 3.6 所示。

$i = 1, j = 6$ 时，计算 $A_1A_2A_3A_4A_5A_6$：

$m[1][6] = m[1][1] + m[2][6] + p[0]p[1]p[6] = 36750$

$k = 2$ 时，$m[1][6] = m[1][2] + m[3][6] + p[0]p[2]p[6] = 32375$

$k = 3$ 时，$m[1][6] = m[1][3] + m[4][6] + p[0]p[3]p[6] = 15125$

$k = 4$ 时，$m[1][6] = m[1][4] + m[5][6] + p[0]p[4]p[6] = 21875$

$k = 5$ 时，$m[1][6] = m[1][5] + m[6][6] + p[0]p[5]p[6] = 26875$

$m[1][6] = 15125$

$s[1][6] = 3$

	1	2	3	4	5	6
1	0	15750	7875	9375	11875	15125
2		0	2625	4375	7125	10500
3			0	750	2500	5375
4				0	1000	3500
5					0	5000
6						0

(a) $m[i][j]$

	1	2	3	4	5	6
1	0	1	1	3	3	3
2		0	2	3	3	3
3			0	3	3	3
4				0	4	5
5					0	5
6						0

(b) $s[i][j]$

图 3.6 六个矩阵连乘最优值的计算结果

3.3 最长公共子序列

给定序列 $X = \{x_1, x_2, \cdots, x_m\}$，若存在一个严格递增下标序列 $\{i_1, i_2, \cdots, i_k\}$ 使得对于所有 $j = 1, 2, \cdots, k$ 有 $z_j = x_{i_j}$，则序列 $Z = \{z_1, z_2, \cdots, z_k\}$ 是 X 的子序列。最长公共子序列问题（Longest Common Subsequence，LCS）是指给定两个序列 $X = \{x_1, x_2, \cdots, x_m\}$ 和 $Y = \{y_1, y_2, \cdots, y_n\}$，找出 X 和 Y 的最长公共子序列 $Z = \{z_1, z_2, \cdots, z_k\}$。可以使用穷举法解决此问题。枚举序列 X 的所有子序列，检查其是否也是 Y 的子序列，找到最长的公共子序列。序列 X 的子序列个数为 2^m，因此穷举法的时间复杂性为指数级。下面用动态规划法求解此问题。

1. 分析最长公共子序列问题最优解的性质，并刻画其结构特征

设 $Z = \{z_1, z_2, \cdots, z_k\}$ 是两个序列 $X = \{x_1, x_2, \cdots, x_m\}$ 和 $Y = \{y_1, y_2, \cdots, y_n\}$ 的最长公共子序列，即最优解。接下来需要分 3 种情况讨论。

1）如果 $x_m = y_n = z_k$，那么 $Z_{k-1} = \{z_1, z_2, \cdots, z_{k-1}\}$ 是 $X_{m-1} = \{x_1, x_2, \cdots, x_{m-1}\}$ 和 $Y_{n-1} = \{y_1, y_2, \cdots, y_{n-1}\}$ 的最长公共子序列，如图 3.7 所示。

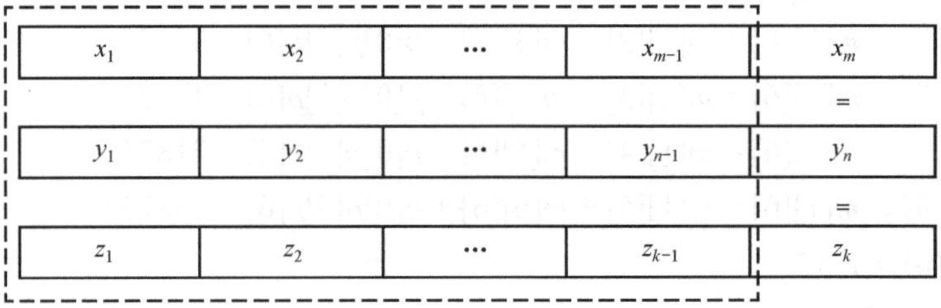

图 3.7 $x_m = y_n = z_k$ 时问题最优解的结构特征

证明：若 $Z_{k-1} = \{z_1, z_2, \cdots, z_{k-1}\}$ 不是 $X_{m-1} = \{x_1, x_2, \cdots, x_{m-1}\}$ 和 $Y_{n-1} = \{y_1, y_2, \cdots, y_{n-1}\}$ 的最

长公共子序列，设 U 是 $X_{m-1}=\{x_1,x_2,\cdots,x_{m-1}\}$ 和 $Y_{n-1}=\{y_1,y_2,\cdots,y_{n-1}\}$ 的最长公共子序列，则 U 的长度必定大于 Z_{k-1}，即

$$|U|>|Z_{k-1}|$$

两边并上 $\{z_k\}$ 有

$$|U|+\{z_k\}>|Z_{k-1}|+\{z_k\}$$

$$|U+\{z_k\}|>|Z|$$

此时，会得到序列 X 与 Y 的比 Z 更长的公共子序列，这与假设 $Z=\{z_1,z_2,\cdots,z_k\}$ 是两个序列 $X=\{x_1,x_2,\cdots,x_m\}$ 和 $Y=\{y_1,y_2,\cdots,y_n\}$ 的最长公共子序列相矛盾。因此，若 $x_m=y_n=z_k$，则 $Z_{k-1}=\{z_1,z_2,\cdots,z_{k-1}\}$ 必是 $X_{m-1}=\{x_1,x_2,\cdots,x_{m-1}\}$ 和 $Y_{n-1}=\{y_1,y_2,\cdots,y_{n-1}\}$ 的最长公共子序列。

2）若 $x_m \neq y_n$ 且 $z_k \neq x_m$，则 Z 是 X_{m-1} 和 Y 的最长公共子序列，如图 3.8 所示。

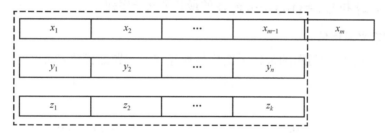

图 3.8 $x_m \neq y_n$ 且 $z_k \neq x_m$ 时问题最优解的结构特征

证明：若 $Z=\{z_1,z_2,\ldots,z_k\}$ 不是 $X_{m-1}=\{x_1,x_2,\cdots,x_{m-1}\}$ 和 $Y=\{y_1,y_2,\cdots,y_n\}$ 的最长公共子序列，设 V 是 $X_{m-1}=\{x_1,x_2,\cdots,x_{m-1}\}$ 和 $Y=\{y_1,y_2,\cdots,y_n\}$ 的最长公共子序列，则 V 的长度必定大于 Z，即

$$|V|>|Z|$$

此时，V 必然也是序列 X 与 Y 的最长公共子序列，因此会得到序列 X 与 Y 的比 Z 更长的公共子序列，这与假设 $Z=\{z_1,z_2,\cdots,z_k\}$ 是两个序列 $X=\{x_1,x_2,\cdots,x_m\}$ 和 $Y=\{y_1,y_2,\cdots,y_n\}$ 的最长公共子序列相矛盾。因此，如果 $x_m=y_n$ 且 $z_k \neq x_m$，那么 $Z=\{z_1,z_2,\cdots,z_k\}$ 必定是 $X_{m-1}=\{x_1,x_2,\cdots,x_{m-1}\}$ 和 $Y_n=\{y_1,y_2,\cdots,y_n\}$ 的最长公共子序列。

3）若 $x_m \neq y_n$ 且 $z_k \neq y_n$，则 Z 是 X 和 Y_{n-1} 的最长公共子序列，如图 3.9 所示。

证明：若 $Z=\{z_1,z_2,\cdots,z_k\}$ 不是 $X=\{x_1,x_2,\cdots,x_m\}$ 和 $Y_{n-1}=\{y_1,y_2,\cdots,y_{n-1}\}$ 的最长公共子序列，设 W 是 $X=\{x_1,x_2,\cdots,x_m\}$ 和 $Y_{n-1}=\{y_1,y_2,\cdots,y_{n-1}\}$ 的最长公共子序列，则 W 的长度必定大于 Z，即

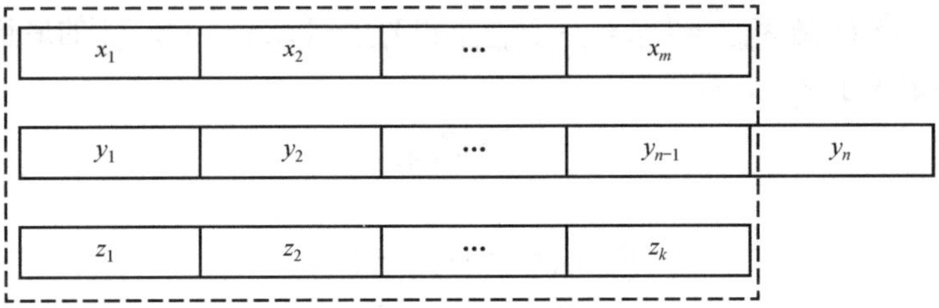

图 3.9 $x_m \neq y_n$ 且 $z_k \neq y_n$ 时问题最优解的结构特征

$$|W| > |Z|$$

此时，W 必然也是序列 X 与 Y 的最长公共子序列，因此会得到序列 X 与 Y 的比 Z 更长的公共子序列，这与假设 $Z = \{z_1, z_2, \cdots, z_k\}$ 是两个序列 $X = \{x_1, x_2, \cdots, x_m\}$ 和 $Y = \{y_1, y_2, \cdots, y_n\}$ 的最长公共子序列相矛盾。因此，如果 $x_m \neq y_n$ 且 $z_k \neq y_n$，那么 $Z = \{z_1, z_2, \cdots, z_k\}$ 必定是 $X = \{x_1, x_2, \cdots, x_m\}$ 和 $Y_{n-1} = \{y_1, y_2, \cdots, y_{n-1}\}$ 的最长公共子序列。

2. 递归定义最优值

由最长公共子序列问题的最优子结构性质建立子问题最优值 $c[i][j]$ 的递归关系。当 $i = 0$ 或 $j = 0$ 时，空序列是 X_i 和 Y_j 的最长公共子序列。其他情况下，由最优子结构性质可建立递归关系如下：

$$c[i][j] = \begin{cases} 0, & i = 0 \text{ 或 } j = 0 \\ c[i-1][j-1] + 1, & i, j > 0 \text{ 和 } x_i = y_j \\ \max\{c[i-1][j], c[i][j-1]\}, & i, j > 0 \text{ 和 } x_i \neq y_j \end{cases}$$

3. 以自底向上的方式计算最优值

算法的实现代码如下[1]：

```
public static int lcsLength(char []x,char []y,int [][]b)
{
int [][]c=new int[m][n];
for(int i=0;i<=m;i++)c[i][0]=0;
for(int i=0;i<=n;i++)c[0][i]=0;
for(int i=1;i<=m;i++)
for(int j=1;j<=n;j++)
 {
  if(x[i]==y[j])
   {
    c[i][j]=c[i-1][j-1]+1;
```

```
            b[i][j]=1;
           }
        else
         if(c[i-1][j]>=c[i][j-1])
          {
           c[i][j]=c[i-1][j];
           b[i][j]=2;
          }
        else
          {
           c[i][j]=c[i][j-1];
           b[i][j]=3;
          }
         }
      return c[m][n];
     }
```

举例如下。给定两个序列 $X = \{A,B,C,B,D,A,B\}$ 和 $Y = \{B,D,C,A,B,A\}$，求 X 和 Y 的最长公共子序列。最长公共子序列最优值的计算过程如图 3.10 所示，最长公共子序列最优解的计算过程如图 3.11 所示。

	j	B	D	C	A	B	A
i	0	0	0	0	0	0	0
A	0	0	0	0	1	1	1
B	0	1	1	1	1	2	2
C	0	1	1	2	2	2	2
B	0	1	1	2	2	3	3
D	0	1	2	2	2	3	3
A	0	1	2	2	3	3	4
B	0	1	2	2	3	4	4

	j	B	D	C	A	B	A
i	0	0	0	0	0	0	0
A	0	2	2	2	1	3	1
B	0	1	3	3	2	1	3
C	0	2	2	1	3	2	2
B	0	1	2	2	2	1	3
D	0	2	1	2	2	2	2
A	0	2	2	2	1	2	1
B	0	1	2	2	2	1	2

图 3.10　最长公共子序列最优值的计算过程　　图 3.11　最长公共子序列最优解的计算过程

最长公共子序列算法的时间复杂性为 $O(mn)$。

4. 构造最长公共子序列的最优解

算法的实现代码如下：

```
public static void lcs(int i,int j,char []x,int [][]b)
```

```
{ if(i==0||j==0)return;
  if(b[i][j]==1)
  {
    lcs(i-1,j-1,x,b);
    System.out.print(x[i]);
  }
  else if (b[i][j]==2)lcs(i-1,j,x,b);
  else  lcs(i,j-1,x,b);
}
```

最长公共子序列最优值的构造过程如图 3.12 所示，最长公共子序列最优解的构造过程如图 3.13 所示。

	j	B	D	C	A	B	A
i	0	0	0	0	0	0	0
A	0	0	0	0	1	1	1
B	0	1	1	1	1	2	2
C	0	1	1	2	2	2	2
B	0	1	1	2	2	3	3
D	0	1	2	2	2	3	3
A	0	1	2	2	3	3	4
B	0	1	2	2	3	4	4

图 3.12 最长公共子序列最优值的构造过程

	j	B	D	C	A	B	A
i	0	0	0	0	0	0	0
A	0	2	2	2	1	3	1
B	0	1	3	3	2	1	3
C	0	2	2	1	3	2	2
B	0	1	2	2	2	1	3
D	0	2	1	2	2	2	2
A	0	2	2	2	1	2	1
B	0	1	2	2	2	1	2

图 3.13 最长公共子序列最优解的构造过程

3.4 最优二叉搜索树

设 $S = \{x_1, x_2, \cdots, x_n\}$ 是一个由 n 个关键字组成的线性有序集，例如 $S = \{1, 2, 3, 4, 5, 6, 7\}$。表示有序集 S 的二叉搜索树利用二叉树的结点存储有序集中的元素。

二叉树（Binary Tree）是每个结点最多有两个子树的树结构。每个结点有一个左子结点（Left children）和一个右子结点（Right children）。左子结点是左子树的根结点，右子结点是右子树的根结点，如图 3.14(a)所示。

二叉搜索树（Binary Search Tree，BST），也称二叉查找树：每个结点都不比它的左子树的任意元素小，而且不比它的右子树的任意元素大，如图 3.14(b)所示。

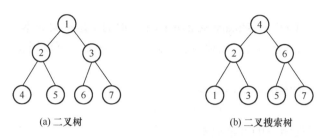

(a) 二叉树　　　　　　　　　(b) 二叉搜索树

图 3.14　二叉树与二叉搜索树

二叉搜索树的定义可以递归给出：

1）若它的左子树不空，则左子树上所有结点的值均小于它的根结点的值。

2）若它的右子树不空，则右子树上所有结点的值均大于它的根结点的值。

3）它的左、右子树也分别为二叉搜索树。

二叉搜索树在现实中有很多应用。假设已知某种程序设计语言中的关键字及其出现的频率如表 3.2 所示。

表 3.2　某种程序设计语言中的关键字及其出现的频率

关键字	出现的频率
begin	5%
do	40%
else	8%
end	4%
if	10%
then	10%
while	23%

我们可用一个二叉搜索树来组织关键字，使得根结点上的关键字按照字母顺序大于其左子树中的关键字，同时又小于右子树中的关键字。显然，可以构建多棵不同的二叉搜索树，如图 3.15 和图 3.16 所示。

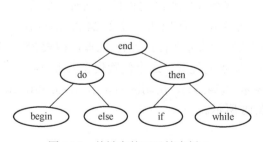

图 3.15　关键字的二叉搜索树 1

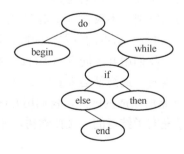

图 3.16　关键字的二叉搜索树 2

最优二叉搜索树（Optimal Binary Search Tree，OBST）是搜索成本最低的二叉搜索树。为了衡量二叉搜索树的搜索成本，需要设置合适的代价函数。可以用比较次数作为二叉搜索树的代价函数。

图 3.15 所示二叉搜索树的搜索成本为

$$1 + 2 \times 2 + 3 \times 4 = 17$$

图 3.16 所示二叉搜索树的搜索成本为

$$1 + 2 \times 2 + 3 \times 1 + 4 \times 2 + 5 \times 1 = 21$$

可见，图 3.15 所示二叉搜索树的搜索效率高于图 3.16 所示二叉搜索树的搜索效率。

然而，我们忽略了一个条件，即每个关键字的搜索频率不同。此时，我们容易想到，搜索概率大的关键字如果更靠近根结点，那么这棵二叉搜索树的搜索成本会更低，因为总比较次数更少。因此，搜索代价函数仅考虑比较次数是不合理的，应同时考虑关键字的搜索频率。我们将同时考虑了关键字搜索次数和搜索频率的搜索代价称为平均比较次数，以平均比较次数来衡量上述两个二叉搜索树，图 3.15 所示二叉搜索树的搜索成本为

$$1 \times 0.04 + 2 \times (0.4 + 0.1) + 3 \times (0.05 + 0.08 + 0.10 + 0.23) = 2.42$$

图 3.16 所示二叉搜索树的搜索成本为

$$1 \times 0.4 + 2 \times (0.05 + 0.23) + 3 \times 0.10 + 4 \times (0.08 + 0.1) + 5 \times 0.04 = 2.18$$

可见，图 3.16 所示二叉搜索树的搜索效率高于图 3.15 所示二叉搜索树的搜索效率。

如何构建平均比较次数最低即搜索效率最高的最优二叉搜索树？我们可以采用穷举法，此时共有 $O(4^n / n^{3/2})$ 棵二叉搜索树，这是一个指数时间算法，显然这种方法不可取。下面，我们采用动态规划法以多项式时间来求解这个问题。为表述方便，我们以线性有序集 $S = \{3, 12, 24, 37, 45, 53, 61, 78, 90, 100\}$ 为例，研究如何使用动态规划策略构建最优二叉搜索树。表示有序集 S 的二叉搜索树，利用二叉搜索树的结点来存储有序集中的元素，如图 3.17 所示。

如果要搜索的数值是集合 S 中的元素，那么可在二叉搜索树中找到，比如，如要搜索的数值是 24 时即是如此。然而，如果要搜索的数值不在线性序集 S 中，比如搜索 23，那么会发现这棵二叉搜索树并没有等于 23 的结点，这时搜索会来到结点 24 的左叶结点的位置。我们发现，不仅搜索元素 23 时会如此，搜索 13 到 23 之间的元素时，最终都会来到结点 24 的左叶结点的位置。因此，这个位置代表大于 12 并且小于 24 的元素所组成的一个区间，我们用开区间表示为(12, 24)，用闭区间表示为[13, 23]。同理，搜索 25 到 36 之间的元素时，最终都会来到结点 24 的右叶结点的位置。这个位置代表大于 24 并且小于 37 的元素所组成的区间，我们用开区间表示为(24, 37)，用闭区间表示为[25, 36]。结点 24 补充了左右子结点的二叉搜索树，如图 3.18 所示。

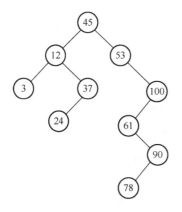

图 3.17　有序集 S 的二叉搜索树　　　　图 3.18　补充了左右子结点的二叉搜索树

同理，可以给这棵二叉搜索树补充所有的叶结点，如图 3.19 所示。二叉搜索树的叶结点是形如 (x_i, x_{i+1}) 的开区间。在表示 S 的二叉搜索树中搜索一个元素 x，返回的结果有两种情形：

1）在二叉搜索树的内部结点中找到 $x = x_i$。

2）在二叉搜索树的叶结点中确定 $x \in (x_i, x_{i+1})$，约定 $x_0 = -\infty$，$x_{n+1} = +\infty$。

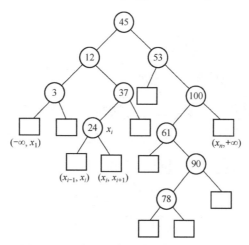

图 3.19　补充了所有叶结点的二叉搜索树

设在第一种情形中找到元素 $x = x_i$ 的概率为 b_j，在第二种情形中确定 $x \in (x_i, x_{i+1})$ 的概率为 a_i。$(a_0, b_1, a_1, \cdots, b_n, a_n)$ 称为集合 S 的存取概率分布，如图 3.20 所示，此时有

$$\sum_{i=0}^{n} a_i + \sum_{j=1}^{n} b_j = 1$$

$$a_i \geqslant 0,\ 0 \leqslant i \leqslant n;\ b_j \geqslant 0,\ 1 \leqslant j \leqslant n$$

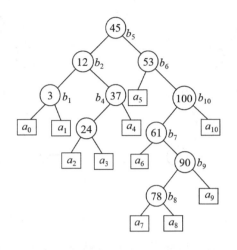

图 3.20　集合 S 的存取概率分布

为了衡量搜索效率，需定义二叉搜索树 T 的搜索代价函数。在表示 S 的二叉搜索树 T 中，设存储元素 x_i 的结点层次为 c_i，存储叶结点 (x_i, x_{i+1}) 的结点层次为 d_j。二叉搜索树 T 的结点层次如图 3.21 所示。

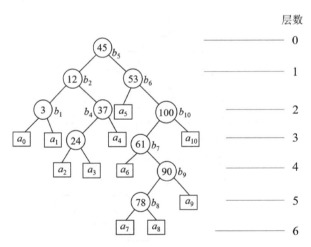

图 3.21　二叉搜索树 T 的结点层次

如果所要查找的元素位于树 T 的内部结点，则搜索时比较的次数等于其所在的层次数 c_i 加 1；如果所要查找的元素位于树 T 的叶结点，则搜索时比较的次数等于其所在的层次数 d_j。设 p 表示在二叉搜索树 T 中做一次搜索时需要的平均比较次数，p 又称二叉搜索树 T 的平均路长，则有

$$p = \sum_{i=1}^{n} b_i(1+c_i) + \sum_{j=0}^{n} a_j d_j$$

1. 最优子结构性质

二叉搜索树 T 的一棵含有结点 $x_i,\cdots,x_j$ 和叶结点 $(x_{i-1},x_i),\cdots,(x_j,x_{j+1})$ 的子树可视为有序集 $\{x_i,\cdots,x_j\}$ 关于全集合 $\{x_{i-1},\cdots,x_{j+1}\}$ 的一棵二叉搜索树，如图 3.22 所示。

设 $T_{i,j}$ 是有序集 $\{x_i,\cdots,x_j\}$ 关于存取概率 $(a_{i-1},b_i,a_i,\cdots,b_j,a_j)$ 的一棵最优二叉搜索树，其路长为 $p_{i,j}$。$T_{i,j}$ 的根结点存储元素 x_m，其左右子树 T_l 和 T_r 的路长分别为 p_l 和 p_r，如图 3.23 所示。

由于 T_l 和 T_r 中的结点深度是它们在 $T_{i,j}$ 中的结点深度减 1，因此有

$$\begin{aligned} w_{i,j}p_{i,j} &= w_{i,m-1}(p_l+1) + w_{m,m} + w_{m+1,j}(p_r+1) \\ &= w_{i,m-1}p_l + w_{i,m-1} + w_{m,m} + w_{m+1,j}p_r + w_{m+1,j} \\ &= (w_{i,m-1} + w_{m,m} + w_{m+1,j}) + w_{i,m-1}p_l + w_{m+1,j}p_r \\ &= w_{i,j} + w_{i,m-1}p_l + w_{m+1,j}p_r \end{aligned}$$

证明：由于 T_l 是关于集合 $\{x_i,\cdots,x_{m-1}\}$ 的一棵二叉搜索树，故 $p_l \geq p_{i,m-1}$。若 $p_l > p_{i,m-1}$，则用 $T_{i,m-1}$ 替换 T_l 可得到平均路长比 $T_{i,j}$ 更小的二叉搜索树。这与 $T_{i,j}$ 是最优二叉搜索树矛盾，所以 T_l 是一棵最优二叉搜索树。同理，可以证明 T_r 也是一棵最优二叉搜索树。因此，最优二叉搜索树问题具有最优子结构性质。

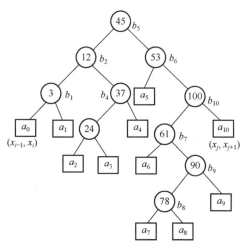

图 3.22 有序集 $\{x_i,\cdots,x_j\}$ 的二叉搜索树

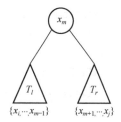

图 3.23 有序集 $\{x_i,\cdots,x_j\}$ 最优二叉搜索树示意图

2．递归计算最优值

最优二叉搜索树 $T_{i,j}$ 的路长为 $p_{i,j}$，由最优二叉搜索树问题的最优子结构性质可建立计算 $p_{i,j}$ 的递归式如下：

$$w_{i,j}p_{i,j} = w_{i,j} + \min_{i \leqslant k \leqslant j}\left\{w_{i,k-1}p_{i,k-1} + w_{k+1,j}p_{k+1,j}\right\}, \quad p_{i,i-1} = 0, \ 1 \leqslant i \leqslant n$$

记 $w_{i,j}p_{i,j}$ 为 $m(i,j)$，计算 $m(i,j)$ 的递归式为

$$m(i,j) = w_{i,j} + \min_{i \leqslant k \leqslant j}\left\{m(i,k-1) + m(k+1,j)\right\}, \quad i \leqslant j$$

$$m(i,i-1) = 0, \quad 1 \leqslant i \leqslant n$$

最优二叉搜索树的算法实现如下[1]：

```
public static void optimalBinarySearchTree(float []a,float []b,
float[][] m,int [][]s,float[][] w)
{
 for(int i=0;i<=n;i++)
 {
  w[i+1][i]=a[i];
  m[i+1][i]=0;
 }
 for(int r=0;r<n;r++)
   for(int i=1;i<=n-r;i++)
   {
     int j=i+r;
     w[i][j]=w[i][j-1]+a[j]+b[j];
     m[i][j]=m[i][i-1]+m[i+1][j];
     s[i][j]=i;
     for(int k=i+1;k<=j;k++)
     {
      float t=m[i][k-1]+m[k+1][j];
      if(t<m[i][j])
      {
       m[i][j]=t;
       s[i][j]=k;
      }}
      m[i][j]+=w[i][j];
   }
 }
```

最优二叉搜索树的计算复杂性为

$$T(n) = \sum_{r=0}^{n-1} \sum_{i=1}^{n-r} O(r+1) = O(n^3)$$

最优二叉搜索树算法举例。

设 $n = \{n_1, n_2, n_3\}$，又设 $b = \{0.5, 0.1, 0.05\}$，$a = \{0.15, 0.1, 0.05, 0.05\}$。求最优二叉搜索树。

第 1 步，初始化，计算过程如图 3.24 所示。

$w[1][0] = a_0 = 0.15, m[1][0] = 0, s[1][0] = 0$

$w[2][1] = a_1 = 0.1, m[2][1] = 0, s[2][1] = 0$

$w[3][2] = a_2 = 0.05, m[3][2] = 0, s[3][2] = 0$

$w[4][3] = a_3 = 0.05, m[4][3] = 0, s[4][3] = 0$

第 2 步，计算有 1 个内部结点的最优二叉搜索树，计算过程如图 3.25 所示。

$r = 0, i = 1, j = 1$

$w[1][1] = w[1][0] + a[1] + b[1] = 0.15 + 0.1 + 0.5 = 0.75$

$m[1][1] = w[1][1] + m[1][0] + m[2][1] = 0.75 + 0 + 0 = 0.75$

$s[1][1] = 1$

$i = 2, j = 2$

$w[2][2] = w[2][1] + a[2] + b[2] = 0.1 + 0.05 + 0.1 = 0.25$

$m[2][2] = w[2][2] + m[2][1] + m[3][2] = 0.25 + 0 + 0 = 0.25$

$s[2][2] = 2$

$i = 3, j = 3$

$w[3][3] = w[3][2] + a[3] + b[3] = 0.05 + 0.05 + 0.05 = 0.15$

$m[3][3] = w[3][3] + m[3][2] + m[4][3] = 0.15 + 0 + 0 = 0.15$

$s[3][3] = 3$

	0	1	2	3
1	0.15			
2		0.1		
3			0.05	
4				0.05

(a) $w[i][j]$

	0	1	2	3
1	0			
2		0		
3			0	
4				0

(b) $m[i][j]$

	0	1	2	3
1	0			
2		0		
3			0	
4				0

(c) $s[i][j]$

图 3.24 最优二叉搜索树初始化的计算过程

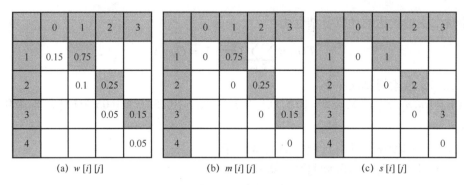

(a) $w[i][j]$ (b) $m[i][j]$ (c) $s[i][j]$

图 3.25　有 1 个内部结点的最优二叉搜索树的计算过程

第 3 步，计算有 2 个内部结点的最优二叉搜索树，计算过程如图 3.26 所示。

$r = 1, i = 1, j = 2$

$\quad w[1][2] = w[1][1] + a[2] + b[2] = 0.75 + 0.05 + 0.1 = 0.9$

$\quad m[1][2] = w[1][2] + \min\{m[1][0] + m[2][2], m[1][1] + m[3][2]\}$

$\qquad\quad = 0.9 + \min\{0.25, 0.75\}$

$\qquad\quad = 0.9 + 0.25 = 1.15$

$\quad s[1][2] = 1$

$i = 2, j = 3$

$\quad w[2][3] = w[2][2] + a[3] + b[3] = 0.25 + 0.05 + 0.05 = 0.35$

$\quad m[2][3] = w[2][3] + \min\{m[2][1] + m[3][3], m[2][2] + m[4][3]\}$

$\qquad\quad = 0.35 + \min\{0.15, 0.25\}$

$\qquad\quad = 0.35 + 0.15 = 0.5$

$\quad s[2][3] = 2$

(a) $w[i][j]$

	0	1	2	3
1	0.15	0.75	0.9	
2		0.1	0.25	0.35
3			0.05	0.15
4				0.05

(b) $m[i][j]$

	0	1	2	3
1	0	0.75	1.15	
2		0	0.25	0.5
3			0	0.15
4				0

(c) $s[i][j]$

	0	1	2	3
1	0	1	1	
2		0	2	2
3			0	3
4				0

图 3.26　有 2 个内部结点的最优二叉搜索树的计算过程

第 4 步，计算有 3 个内部结点的最优二叉搜索树，计算过程如图 3.27 所示。

$r = 2, i = 1, j = 3$

$w[1][3] = w[1][2] + a[3] + b[3] = 0.9 + 0.05 + 0.05 = 1$

$m[1][3] = w[1][3] + \min\{m[1][0] + m[2][3], m[1][1] + m[3][3], m[1][2] + m[4][3]\}$

$\qquad = 1 + \min\{0.5, 0.9, 1.15\} = 1.5$

$s[1][3] = 1$

	0	1	2	3
1	0.15	0.75	0.9	1
2		0.1	0.25	0.35
3			0.05	0.15
4				0.05

(a) $w[i][j]$

	0	1	2	3
1	0	0.75	1.15	1.5
2		0	0.25	0.5
3			0	0.15
4				0

(b) $m[i][j]$

	0	1	2	3
1	0	1	1	1
2		0	2	2
3			0	3
4				0

(c) $s[i][j]$

图 3.27　有 3 个内部结点的最优二叉搜索树的计算过程

3.5　电路布线

电路布线问题也称最大不相交子集（Maximum Noncrossing Subset, MNS）问题。在一块电路板的上、下两端分别有 n 个接线柱，根据电路设计，要求用导线 $(i, \pi(i))$ 将上端接线柱与下端接线柱相连，导线 $(i, \pi(i))$ 称为该电路板上的第 i 条连线，其中 $\pi(i)$ 是 $\{1, 2, \cdots, n\}$ 的一个排列，如图 3.28 所示。

制作电路板时，要求将这 n 条导线分布到若干绝缘层上，注意当且仅当两条导线之间无交叉时，导线才可以设在同一层。对于任何 $1 \leqslant i < j \leqslant n$，第 i 条导线和第 j 条导线不相交的充分必要的条件是 $\pi(i) < \pi(j)$，如图 3.29 所示。

$$i = \{1, 2, 3, 4, 5, 6, 7, 8, 9, 10\}$$

$$\pi(i) = \{8, 7, 4, 2, 5, 1, 9, 3, 10, 6\}$$

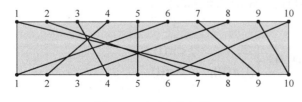

图 3.28　电路布线问题

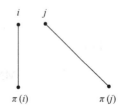

图 3.29　导线不相交的充分必要条件

电路板的第一层称为优先层,在优先层中可以使用更细的导线,因此其电阻比其他层导线的电阻要小得多。电路布线问题就是要确定怎样在第一层中尽可能多地布设导线,即确定导线集 $\mathrm{Nets} = \{(i,\pi(i)), 1 \leqslant i \leqslant n\}$ 的最大不相交子集,如图 3.30 所示。下面用动态规划法求解这一问题。

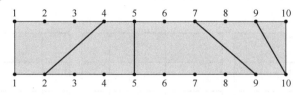

图 3.30　导线集的最大不相交子集

1. 找出最优解的性质,并刻画其结构特征

记 $N(i,j) = \{t \mid (t,\pi(t)), t \leqslant i, \pi(t) \leqslant j\}$,$N(i,j)$ 的最大不相交子集为 $\mathrm{MNS}(i,j)$,$\mathrm{size}(i,j) = |\mathrm{MNS}(i,j)|$。

1)首先研究 $i = 1$ 且 $j < \pi(1)$ 时,问题最优解的结构特征。第 1 根导线与下接线柱 8 相连,因此当 $j < \pi(1)$ 即 $j = 1, 2, \cdots, 7$ 时,导线不存在,所以 $N(1,j) = \varnothing$,$\mathrm{MNS}(1,j) = \varnothing$,$\mathrm{size}(1,j) = 0$,如图 3.31 所示。

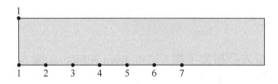

图 3.31　$i = 1$ 且 $j < \pi(1)$ 时的计算结果

当下接线柱 $j \geqslant 8$ 时,导线 $(1, 8)$ 属于导线集合 $N(i,j)$,$N(1,j) = \{(1, \pi(1))\}$,$\mathrm{MNS}(1,j) = \{(1, \pi(1))\}$,$\mathrm{size}(1,j) = 1$,如图 3.32 所示。

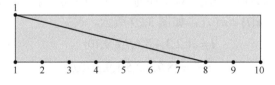

图 3.32　$i = 1$ 且 $j \geqslant \pi(1)$ 时的计算结果

当 $i = 1$ 时,

$$\mathrm{MNS}(1,j) = N(1,j) = \begin{cases} \varnothing, & j < \pi(1) \\ (1, \pi(1)), & j \geqslant \pi(1) \end{cases}$$

$$\text{size}(1, j) = \begin{cases} 0, & j < \pi(1) \\ 1, & j \geqslant \pi(1) \end{cases}$$

2）接着研究有两根或两根以上的导线（$i > 1$）时，问题的最优解结构特征。

下面以第 7 根导线为例进行说明。第 7 根导线与下接线柱 9 相连，当 $j < \pi(i)$ 即 $j = 1, 2, \cdots, 8$ 时，$(i, \pi(i)) \notin N(i, j)$，$N(7, j) = N(6, j)$，$\text{MNS}(7, j) = \text{MNS}(6, j) = \{(3,4),(5,5)\}$，$\text{size}(7, j) = \text{size}(6, j) = 2$，如图 3.33 所示。

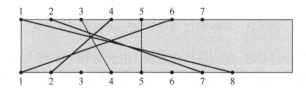

图 3.33　$i > 1$ 且 $j < \pi(i)$ 时的计算结果

因此，当 $i > 1, j < \pi(i)$ 时，$N(i, j) = N(i-1, j)$，$\text{MNS}(i, j) = \text{MNS}(i-1, j)$，$\text{size}(i, j) = \text{size}(i-1, j)$。

当下接线柱 $j \geqslant 9$ 时，$(7,9) \in N(i, j)$，但 $(7,9)$ 属不属于 $\text{MNS}(i, j)$ 呢？其实，对任何导线都只能采用以下两种处理方式之一：要么把它加入 MNS，要么不把它加入 MNS。对于第 7 根导线 $(7,9)$，如果把它加入 MNS，那么因为 $\text{MNS}(i, j)$ 中的两条导线 $(3, 4)$ 和 $(5, 5)$ 都不与第 7 根导线 $(7,9)$ 相交，所以加入后 $\text{size}(i, j)$ 增加 1，$\text{size}(i, j) = 3$；如果不把第 7 根导线 $(7,9)$ 加入 MNS，那么 $\text{size}(i, j)$ 依然保持为 2。显然，把第 7 根导线加入 MNS 会得到一个更优的值，如图 3.34 所示。

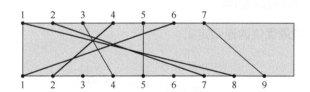

图 3.34　$i > 1$ 且 $j \geqslant \pi(i)$，$(i, \pi(i)) \in \text{MNS}(i, j)$ 时的计算结果

下面给出这种情况下最优值与最优解的定义。

当 $j \geqslant \pi(i)$ 时，若 $(i, \pi(i)) \in \text{MNS}(i, j)$，对任意 $(t, \pi(t)) \in \text{MNS}(i, j)$ 有 $t < i$ 且 $\pi(t) < \pi(i)$。

$$\text{MNS}(i, j) = \text{MNS}(i-1, \pi(i)-1) + \{(i, \pi(i))\}$$

$$\text{size}(i, j) = \text{size}(i-1, \pi(i)-1) + 1$$

接着以第 10 根导线为例进行说明。研究第 10 根导线时，前面已得到该问题的最优解为 $\text{MNS}(9, 10) = \{(3, 4), (5, 5), (7, 9), (9, 10)\}$，最优值为 $\text{size}(9, 10) = 4$。第 10 根导线与下接线柱 6 相连，当 $j \geqslant 6$ 时，$(10,6) \in N(i, j)$，但 $(10,6)$ 属不属于 $\text{MNS}(i, j)$ 呢？如果不把它

加入 MNS，则 MNS(10, j)依然等于{(3, 4), (5, 5), (7, 9), (9, 10)}，最优值 size(10, j)依然等于 4，如图 3.35 所示。

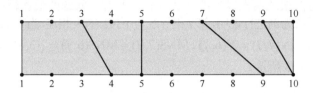

图 3.35　不将第 10 根导线加入 MNS 的计算结果

然而，如果把它加入 MNS，那么我们会发现，由于第 10 根导线与第 7 根和第 9 根导线都相交，所以第 7 根和第 9 根导线不再属于 MNS，这时 size(10, j)等于 3，如图 3.36 所示。

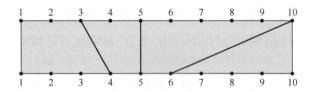

图 3.36　将第 10 根导线加入 MNS 时的计算结果

显然，结论是不能把第 10 根导线加入 MNS。下面给出这种情况下最优值与最优解的定义。

若 $(i, \pi(i)) \notin \text{MNS}(i, j)$，则 $\text{MNS}(i, j) = \text{MNS}(i-1, j)$。

由 $\text{MNS}(i, j) = \text{MNS}(i-1, j) \subseteq N(i-1, j)$ 得 $\text{size}(i, j) \leqslant \text{size}(i-1, j)$。

另外，由 $\text{MNS}(i-1, j) \subseteq N(i-1, j) \subseteq N(i, j)$ 得 $\text{size}(i-1, j) \leqslant \text{size}(i, j)$。

从而有 $\text{size}(i, j) = \text{size}(i-1, j)$。

2．电路布线问题最优值的递归定义

1）当 $i = 1$ 时，

$$\text{size}(1, j) = \begin{cases} 0, & j < \pi(1) \\ 1, & j \geqslant \pi(1) \end{cases}$$

2）当 $i > 1$ 时，

$$\text{size}(i, j) = \begin{cases} \text{size}(i-1, j), & j < \pi(i) \\ \max\{\text{size}(i-1, j), \text{size}(i-1, \pi(i)-1)+1\}, & j \geqslant \pi(i) \end{cases}$$

3．自底向上递归计算最优值

算法的实现代码如下[1]：

```
public static void mnset(int[] c,int[][] size)
    {
```

```
for(int j=0;j<c[1];j++)
size[1][j]=0;
for(int j=c[1];j<=n;j++)
size[1][j]=1;
for(int i=2;i<n;i++)
 {
 for(int j=0;j<c[i];j++)
 size[i][j]=size[i-1][j];
 for(int j=c[i];j<=n;j++)
    size[i][j]=Math.max(size[i-1][j],size[i-1][c[i]-1]+1);
 }
  size[n][n]=Math.max(size[n-1][n],size[n-1][c[n]-1]+1);
}
```

动态规划算法求解电路布线问题的运算过程如图 3.37 和图 3.38 所示。图 3.37 描述了 $\text{size}(i,j)$、$\text{size}(i-1,j)$ 与 $\text{size}(i-1,j-1)$ 之间的关系，图 3.38 描述了最优值计算过程。

	$\text{size}(i-1,j-1)$	$\text{size}(i-1,j)$	
		$\text{size}(i,j)$	

图 3.37　$\text{size}(i,j)$、$\text{size}(i-1,j)$ 与 $\text{size}(i-1,j-1)$ 之间的关系

	0	1	2	3	4	5	6	7	8	9	10
1	0	0	0	0	0	0	0	0	1	1	1
2	0	0	0	0	0	0	0	1	1	1	1
3	0	0	0	0	1	1	1	1	1	1	1
4	0	0	1	1	1	1	1	1	1	1	1
5	0	0	1	1	1	2	2	2	2	2	2
6	0	1	1	1	1	2	2	2	2	2	2
7	0	1	1	1	1	2	2	2	2	3	3
8	0	1	1	2	2	2	2	2	2	3	3
9	0	1	1	2	2	2	2	2	2	3	4
10	0	1	1	2	2	2	3	3	3	3	4

图 3.38　最优值计算过程

4．构造最优解

电路布线问题最优解的构造过程如图 3.39 所示。

	0	1	2	3	4	5	6	7	8	9	10
1	0	0	0	0	0	0	0	0	1	1	1
2	0	0	0	0	0	0	0	1	1	1	1
3	0	0	0	0	1	1	1	1	1	1	1
4	0	0	1	1	1	1	1	1	1	1	1
5	0	0	1	1	1	2	2	2	2	2	2
6	0	1	1	1	1	2	2	2	2	2	2
7	0	1	1	1	1	2	2	2	2	3	3
8	0	1	1	2	2	2	2	2	3	3	3
9	0	1	1	2	2	2	2	2	3	3	4
10	0	1	1	2	2	2	3	3	3	3	4

图 3.39 电路布线问题最优解的构造过程

算法的实现代码如下[1]：

```java
public static int traceback(int[] c,int[][] size,int[] net)
{
    int j=n;
    int m=0;
    for(int i=n;i>1;i--)
     if(size[i][j]!=size[i-1][j]){
     net[m++]=i;
     j=c[i]-1;
    }
    if(j>=c[1])
      net[m++]=1;
      return m;
}
```

电路布线问题的算法复杂性为 $T(n) = O(n^2)$。

3.6 0-1 背包

设有 n 个物品，其中物品 i 的重量为 w_i，价值为 v_i，有一容量为 C 的背包。例如，有 3 个物品，$w = \{7, 8, 9\}$，$v = \{20, 25, 30\}$，$C = 16$。要求选择若干物品装入背包，使得装入背包的物品总价值达到最大。0-1 背包问题中，物品 i 在考虑是否装入背包时，都只有两种选择，即要么全部装入背包，要么全部不装入背包，而不能只装入物品 i 的一部分，

也不能将物品 i 装入背包多次。该问题的形式化描述是：给定 $C > 0, w_i > 0, v_i > 0, 1 \leq i \leq n$，要求找出 n 元 0-1 向量 $(x_1, x_2, \cdots, x_n)$，$x_i \in \{0,1\}$，$1 \leq i \leq n$，使得目标函数 $\max \sum\limits_{i=2}^{n} v_i x_i$ 达到最大，并且满足约束条件 $\sum\limits_{i=1}^{n} w_i x_i \leq C$。下面用动态规划算法求解该问题。

1. 分析 0-1 背包问题的最优子结构性质并刻画其结构特征

设 $(x_1, x_2, \cdots, x_n)$ 是所给 0-1 背包问题的一个最优解：

$$\max \sum_{i=1}^{n} v_i x_i$$

$$\sum_{i=1}^{n} w_i x_i \leq C$$
$$x_i \in \{0,1\}, 1 \leq i \leq n$$

则 $(x_2, \cdots, x_n)$ 是下面相应子问题的一个最优解：

$$\max \sum_{i=2}^{n} v_i x_i$$

$$\sum_{i=2}^{n} w_i x_i \leq C - w_1 x_1$$

$$x_i \in \{0,1\}, 1 \leq i \leq n$$

证明：若 $(x_2, \cdots, x_n)$ 不是上述子问题的最优解，则设 $(z_2, \cdots, z_n)$ 是上述子问题的一个最优解，由此可知

$$\sum_{i=2}^{n} v_i x_i < \sum_{i=2}^{n} v_i z_i$$

因此有

$$v_1 x_1 + \sum_{i=2}^{n} v_i x_i < v_1 x_1 + \sum_{i=2}^{n} v_i z_i$$

可得

$$\sum_{i=1}^{n} v_i x_i < \sum_{i=1}^{n} v_i z_i$$

这说明 $(z_1, z_2, \cdots, z_n)$ 是所给 0-1 背包问题的更优解，从而 $(x_1, x_2, \cdots, x_n)$ 不是所给 0-1 背包问题的最优解，与假设矛盾。因此，若 $(x_1, x_2, \cdots, x_n)$ 是所给 0-1 背包问题 $(n_1, n_2, \cdots, n_n)$ 的一个最优解，则 $(x_2, \cdots, x_n)$ 一定是相应子问题 $(n_2, \cdots, n_n)$ 的最优解。0-1 背包问题具有最优子结构性质。

2．递归定义最优值

设所给 0-1 背包问题的最优值为 $m(i,j)$，即 $m(i,j)$ 是背包容量为 j、可选择物品为 $i,i+1,\cdots,n$ 时 0-1 背包问题的最优值：

$$m(n,j) = \begin{cases} 0, & 0 \leqslant j < w_n \\ v_n, & j \geqslant w_n \end{cases}$$

$$m(i,j) = \begin{cases} m(i+1,j), & 0 \leqslant j < w_i \\ \max\{m(i+1,j), v_i + m(i+1,j-w_i)\}, & j \geqslant w_i \end{cases}$$

3．自底向上计算最优值

算法的实现代码如下[1]：

```
public static void knapsack(int []v,int []w,int c,int [][]m)
{ int jMax=Math.min(w[n]-1,c);
   for(int j=0;j<=jMax;j++)
     m[n][j]=0;
   for(int j=w[n];j<=c;j++)
     m[n][j]=v[n];
   for(int i=n-1;i>1;i--)
   { jMax=Math.min(w[i]-1,c);
     for(int j=0;j<=jMax;j++)
       m[i][j]=m[i+1][j];
      for(int j=w[i];j<=c;j++)
        m[i][j]=Math.max(m[i+1][j],m[i+1][j-w[i]]+v[i]);
   }
   m[1][c]=m[2][c];
    if(c>=w[1]) m[1][c]=Math.max(m[1][c],m[2][c-w[1]]+v[1]);
}
```

0-1 背包问题算法举例。设有 3 个物品待装入一个背包，$w = \{7, 8, 9\}$，$v = \{20, 25, 30\}$，$C = 16$。某个物品不能只装入一部分，也不能多次装入背包。问应如何选择装入背包的物品，使得装入背包中物品的总价值最大？

第 1 步，当 $i = 3$ 时，需要将物品 3 装入背包。将物品 3 装入背包时 0-1 背包问题的最优值如图 3.40 所示，将物品 3 装入背包时 0-1 背包问题的最优解图 3.41 所示。

$j = 0, m(3, 0) = 0$

$j = 1, m(3, 1) = 0$

$j = 2, m(3, 2) = 0$

$j = 3, m(3, 3) = 0$

$j = 4, m(3, 4) = 0$

$j = 5, m(3, 5) = 0$

$j = 6, m(3, 6) = 0$

$j = 7, m(3, 7) = 0$

$j = 8, m(3, 8) = 0$

$j = 9, m(3, 9) = 30$

$j = 10, m(3, 10) = 30$

$j = 11, m(3, 11) = 30$

$j = 12, m(3, 12) = 30$

$j = 13, m(3, 13) = 30$

$j = 14, m(3, 14) = 30$

$j = 15, m(3, 15) = 30$

$j = 16, m(3, 16) = 30$

0	0	1	2	3	4	5	6	7	8	9	10	11	12	13	14	15	16
3	0	0	0	0	0	0	0	0	0	30	30	30	30	30	30	30	30
2																	
1																		

图 3.40　将物品 3 装入背包时 0-1 背包问题的最优值

0	0	1	2	3	4	5	6	7	8	9	10	11	12	13	14	15	16
3	000	000	000	000	000	000	000	000	000	001	001	001	001	001	001	001	001
2																		
1																		

图 3.41　将物品 3 装入背包时 0-1 背包问题的最优解

第 2 步，当 $i = 2$ 时，需要将物品 2 和 3 装入背包。将物品 2、3 装入背包时 0-1 背包问题的最优值如图 3.42 所示，将物品 2、3 装入背包时 0-1 背包问题的最优解如图 3.43 所示。

0	0	1	2	3	4	5	6	7	8	9	10	11	12	13	14	15	16
3	0	0	0	0	0	0	0	0	0	30	30	30	30	30	30	30	30
2	0	0	0	0	0	0	0	0	25	30	30	30	30	30	30	30	30
1	0																

图 3.42　将物品 2、3 装入背包时 0-1 背包问题的最优值

	0	1	2	3	4	5	6	7	8	9	10	11	12	13	14	15	16
3	000	000	000	000	000	000	000	000	000	001	001	001	001	001	001	001	001
2	000	000	000	000	000	000	000	000	010	001	001	001	001	001	001	001	001
1																	

图 3.43　将物品 2、3 装入背包时 0-1 背包问题的最优解

$j = 0, m(2, 0) = 0$

$j = 1, m(2, 1) = 0$

$j = 2, m(2, 2) = 0$

$j = 3, m(2, 3) = 0$

$j = 4, m(2, 4) = 0$

$j = 5, m(2, 5) = 0$

$j = 6, m(2, 6) = 0$

$j = 7, m(2, 7) = 0$

$j = 8, m(2, 8) = \max\{m(3, 8), 25 + m(3, 8 - 8 = 0)\} = \max\{0, 25 + 0\} = 25$

$j = 9, m(2, 9) = \max\{m(3, 9), 25 + m(3, 9 - 8 = 1)\} = \max\{30, 25 + 0\} = 30$

$j = 10, m(2, 10) = \max\{m(3, 10), 25 + m(3, 10 - 8 = 2)\} = \max\{30, 25 + 0\} = 30$

$j = 11, m(2, 11) = \max\{m(3, 11), 25 + m(3, 11 - 8 = 3)\} = \max\{30, 25 + 0\} = 30$

$j = 12, m(2, 12) = \max\{m(3, 12), 25 + m(3, 12 - 8 = 4)\} = \max\{30, 25 + 0\} = 30$

$j = 13, m(2, 13) = \max\{m(3, 13), 25 + m(3, 13 - 8 = 5)\} = \max\{30, 25 + 0\} = 30$

$j = 14, m(2, 14) = \max\{m(3, 14), 25 + m(3, 14 - 8 = 6)\} = \max\{30, 25 + 0\} = 30$

$j = 15, m(2, 15) = \max\{m(3, 15), 25 + m(3, 15 - 8 = 7)\} = \max\{30, 25 + 0\} = 30$

$j = 16, m(2, 16) = \max\{m(3, 16), 25 + m(3, 16 - 8 = 8)\} = \max\{30, 25 + 0\} = 30$

第 3 步，当 $i = 1$ 时，需要将物品 1、2 和 3 装入背包。将物品 1、2、3 装入背包时 0-1 背包问题的最优值如图 3.44 所示，将物品 1、2、3 装入背包时 0-1 背包问题的最优解如图 3.45 所示。

0	0	1	2	3	4	5	6	7	8	9	10	11	12	13	14	15	16
3	0	0	0	0	0	0	0	0	0	30	30	30	30	30	30	30	30
2	0	0	0	0	0	0	0	0	25	30	30	30	30	30	30	30	30
1	0	0	0	0	0	0	0	20	25	30	30	30	30	30	30	45	50

图 3.44　将物品 1、2、3 装入背包时 0-1 背包问题的最优值

0	0	1	2	3	4	5	6	7	8	9	10	11	12	13	14	15	16
3	000	000	000	000	000	000	000	000	000	001	001	001	001	001	001	001	001
2	000	000	000	000	000	000	000	000	010	001	001	001	001	001	001	001	001
1	000	000	000	000	000	000	000	100	010	001	001	001	001	001	001	110	101

图 3.45 将物品 1、2、3 装入背包时 0-1 背包问题的最优解

$j = 0, m(1, 0) = 0$

$j = 1, m(1, 1) = 0$

$j = 2, m(1, 2) = 0$

$j = 3, m(1, 3) = 0$

$j = 4, m(1, 4) = 0$

$j = 5, m(1, 5) = 0$

$j = 6, m(1, 6) = 0$

$j = 7, m(1, 7) = \max\{m(2, 7), 20 + m(2, 7 - 7 = 0)\} = \max\{0, 20\} = 20$

$j = 8, m(1, 8) = \max\{m(2, 8), 20 + m(2, 8 - 7 = 1)\} = \max\{25, 20 + 0\} = 25$

$j = 9, m(1, 9) = \max\{m(2, 9), 20 + m(2, 9 - 7 = 2)\} = \max\{30, 20 + 0\} = 30$

$j = 10, m(1, 10) = \max\{m(2, 10), 20 + m(2, 10 - 7 = 3)\} = \max\{30, 20 + 0\} = 30$

$j = 11, m(1, 11) = \max\{m(2, 11), 20 + m(2, 11 - 7 = 4)\} = \max\{30, 20 + 0\} = 30$

$j = 12, m(1, 12) = \max\{m(2, 12), 20 + m(2, 12 - 7 = 5)\} = \max\{30, 20 + 0\} = 30$

$j = 13, m(1, 13) = \max\{m(2, 13), 20 + m(2, 13 - 7 = 6)\} = \max\{30, 20 + 0\} = 30$

$j = 14, m(1, 14) = \max\{m(2, 14), 20 + m(2, 14 - 7 = 7)\} = \max\{30, 20 + 0\} = 30$

$j = 15, m(1, 15) = \max\{m(2, 15), 20 + m(2, 15 - 7 = 8)\} = \max\{30, 20 + 25\} = 45$

$j = 16, m(1, 16) = \max\{m(2, 16), 20 + m(2, 16 - 7 = 9)\} = \max\{30, 20 + 30\} = 50$

4. 构造最优解

算法的实现代码如下：

```java
public static void traceback(int [][]m,int []w,int c,int []x)
{
 for(int i=1;i<n;i++)
 if(m[i][c]==m[i+1][c])   x[i]=0;
 else {
     x[i]=1;
     c-=w[i];
 }
 x[n]=(m[n][c]>0)?1:0;
}
```

0-1 背包问题最优解的构造过程如图 3.46 所示。

0	0	1	2	3	4	5	6	7	8	9	10	11	12	13	14	15	16
3	0	0	0	0	0	0	0	0	0	30	30	30	30	30	30	30	30
2	0	0	0	0	0	0	0	0	25	30	30	30	30	30	30	30	30
1	0	0	0	0	0	0	0	20	25	30	30	30	30	30	30	45	50

图 3.46 0-1 背包问题最优解的构造过程

0-1 背包问题算法的复杂度分析：由 $m(i, j)$ 的递归式容易看出，算法需要的计算时间为 $O(nC)$。当背包容量 C 很大时，算法需要的计算时间较多。例如，当 $C > 2^n$ 时，算法需要的计算时间为 $\Omega(n2^n)$。

第4章 贪心算法

4.1 基本思想

贪心算法在寻求问题的最优解时，总是做局部最优选择，即当前来看问题的最优选择。显然，贪心算法并不是从整体最优的角度出发去寻求问题的解，因此贪心算法并不总能得到问题的整体最优解。那么什么样的问题用贪心算法能得到整体最优解？什么样的问题不能用贪心算法得到整体最优解呢？存在一个判断的原则，即这个问题是否具备两个性质：贪心选择性质和最优子结构性质。如果一个问题同时具备这两个基本性质，那么这个问题就能够用贪心算法求得整体最优解。

所谓贪心选择性质，是指所求问题的整体最优解可以通过一系列局部最优选择来达到。贪心算法首先设计某种贪心选择策略，第一步做出当前状态下的最优选择；做出第一步选择后，问题会被演化为与原问题相同的、但规模更小的子问题；然后以相同的贪心选择策略求解子问题。

当一个问题的最优解包含其子问题的最优解时，称此问题具有最优子结构性质。问题的最优子结构性质是该问题可用贪心算法求解的另一个关键特征。

当一个问题既具有贪心选择性质又具有最优子结构性质时，这个问题必能用贪心算法得到整体最优解。贪心算法运算简单高效，对范围相当广的问题能得到整体最优解。本章我们学习用贪心策略来解决活动安排问题、哈夫曼编码问题、单源最短路径问题和最小生成树问题。

4.2 活动安排问题

假设有 n 个活动共同争用某一资源。在活动安排中，每个活动 i 都有一个开始时间 s_i 和一个结束时间 f_i，且 $s_i < f_i$，每个活动在一个半闭区间 $[s_i, f_i)$ 占用资源，如表 4.1 所示。如果活动 i 与活动 j 是相容的，那么需要满足条件 $f_i \leqslant s_j$ 或 $f_j \leqslant s_i$。求最优活动安排方案，找出最大相容活动子集合，使得安排的活动个数达到最多。下面采用贪心算法求解这个问题。

表 4.1 活动安排问题的待安排活动

活动 i	1	2	3	4	5	6	7	8	9	10	11
开始时间 $s[i]$	1	3	0	5	3	5	6	8	8	2	12
结束时间 $f[i]$	4	5	6	7	8	9	10	11	12	13	14

活动安排问题的贪心选择策略可以设计为每次从剩余活动中选择具有最早开始时间的活动，但是一旦这个活动同时具有最晚结束时间，就得不到问题的最优解；也可以设计为每次从剩余活动中选择具有最短运行时间的活动，但是一旦这个活动同时具有最晚开始时间，就得不到问题的最优解；还可以设计为每次从剩余活动中选择具有最早结束时间的活动，如果每一步都按照这种选择来安排活动，那么显然总可以为剩余未安排的活动留下尽可能多的时间，即使得剩余的可安排时间段极大化，以便安排尽可能多的相容活动。因此，最后一种贪心选择策略显然是正确的。按照这种贪心选择策略求最大相容活动子集的步骤如下：

1）首先将待安排活动按照结束时间从小到大递增排序。

2）选择具有最早结束时间的活动 1，将其放入最大相容活动子集。

3）在剩余活动中选择与活动 1[1, 4)相容而又具有最早结束时间的活动 4[5, 7)，将其放入最大相容活动子集。

4）在剩余活动中选择与活动 4[5, 7)相容而又具有最早结束时间的活动 8[8, 11)，将其放入最大相容活动子集。

5）在剩余活动中选择与活动 8[8, 11)相容而又具有最早结束时间的活动 11[12, 14)，将其放入最大相容活动子集。

所有活动检查完毕后，算法结束。得到最大相容活动子集为{1, 4, 8, 11}。活动安排问题贪心算法的运算过程如图 4.1 所示。

活动安排问题贪心算法实现代码如下[1]：

```
public static int greedySelector(int[] s,int[] f,boolean a[])
{
 a[1]=true;
 int j=1;
 int count=1;
 for (int i=2;i<=n;i++){
  if(s[i]>=f[j])
{
   a[i]=true;
   j=i;
   count++;
   }
  else a[i]=false;
```

```
        }
    return count;
        }
```

贪心算法求解活动安排问题的时间复杂性为 $O(n \log n)$。

活动i	开始时间 $s[i]$	开始时间 $f[i]$
1	1	4
2	3	5
3	0	6
4	5	7
5	3	8
6	5	9
7	6	10
8	8	11
9	8	12
10	2	13
11	12	14

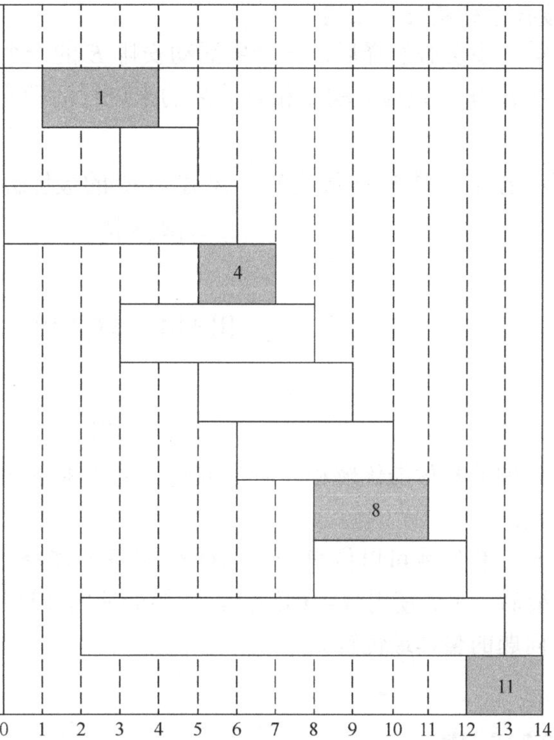

图 4.1 活动安排问题贪心算法的运算过程

接下来，我们使用数学归纳法对上述问题最优解的正确性给予证明。

1）贪心选择性质证明

有一活动安排问题 E，设 $A \subseteq E$ 是活动安排问题的最优解。若 A 中第一个活动是活动 1，则 A 是以贪心选择开始的最优解；但是若 A 中第一个活动不是活动 1，例如 $A = \{2,4,8,11\}$，显然，这个最优解并不是使用贪心算法求解的结果。对于这个最优解，可以试着去修改它，使其从贪心选择开始，例如可以将其改为 $A = \{1,4,8,11\}$，对于这个修改了的最优解，发现

$$f_2 \leqslant S_4,\ f_1 \leqslant f_2$$

故有

$$f_1 \leqslant S_4$$

· 63 ·

因此，问题的解 $A = \{1,4,8,11\}$ 中，活动 1 与活动 4 也是相容的，所以 $A = \{1,4,8,11\}$ 也是问题的一个整体最优解。而在最优活动安排 $A = \{1,4,8,11\}$ 中，活动 1 是贪心选择的结果。由此可见，总是存在以贪心选择开始的最优活动安排方案。

2）最优子结构性质证明

做了第一步贪心选择后，会产生活动安排 E 的一个子问题 $E' = \{i \in E : s_i \geq f_1\}$。原问题简化为在 E' 中寻找与活动 1 相容的活动来进行活动安排的问题，而 $A' = A - \{1\}$ 是 E' 的最优解。

证明：若 A' 不是 E' 的最优解，B' 才是 E' 的最优解，即

$$|A'| < |B'|$$

则

$$\{1\} + |A'| < |B'| + \{1\}$$

即

$$|A| < |B|$$

这与 A 是问题的整体最优解相矛盾。因此，A' 必是 E' 的最优解。活动安排问题具有最优子结构性质。

接下来，我们就可以像第一步那样对 A' 证明能修改这个最优解，使其以贪心选择开始，直到最后一步。使用数学归纳法，我们能证明通过每一步贪心选择，活动安排问题最终得到了问题的整体最优解。

4.3　背包问题

本节讨论的背包问题与 3.6 节讨论的 0-1 背包问题并不相同。0-1 背包问题的提出是，有 n 个物品装入容量为 C 的背包，每个物品都有其重量和价值。物品 i 在考虑是否装入背包时只有两种选择，即要么全部装入背包，要么全部不装入背包，而不能只装入物品 i 的一部分，也不能将物品 i 装入背包多次。问如何装入背包，使背包的总价值达到最大？

背包问题的提出是，设有 n 个物品，其中物品 i 的重量是 w_i，价值是 v_i，有一容量为 C 的背包。要求选择若干物品装入背包，使装入背包的物品总价值达到最大。在考虑物品 i 是否装入背包时，可以全部装入，也可以只装入一部分。该问题的形式化描述是：给定 $C > 0, w_i > 0, v_i > 0, 1 \leq i \leq n$，要求找出 $0 \leq x_i \leq 1, 1 \leq i \leq n$，使得目标函数 $\max \sum_{i=1}^{n} v_i x_i$ 达

到最大，并满足约束条件 $\sum_{i=1}^{n} w_i x_i \leqslant C$。

例如，假设有 8 个物品，$w = \{14, 24, 11, 19, 16, 9, 1, 4\}$，$v = \{12, 24, 21, 13, 24, 27, 48\}$，$C = 30$，如表 4.2 所示。每个物品可以全部装入，也可只装入一部分，问如何装入背包使背包的总价值达到最大？

表 4.2 背包问题待装入背包的物品

物品 i	1	2	3	4	5	6	7	8
重量 $w[i]$	14	24	11	19	16	9	5	4
价值 $v[i]$	12	24	21	13	24	27	14	8

下面用贪心算法求解此问题。背包问题可以尝试的贪心选择策略有多种。例如，可以设计为每次从剩余物品中选择价值最大者放入背包，可以设计为每次选择重量最小者放入背包，或者可以设计为每次选择单位重量和价值最大者放入背包。前两种贪心选择策略显然不能得到问题的最优解，而最后一种贪心选择策略因为每次选择的都是在相同重量前提下价值最大的物品，因此当背包装满时必定会产生最大价值。因此，使用贪心算法解背包问题的贪心选择策略可以设计为第三种，即每次从剩余物品中选择单位重量价值最大的物品放入背包。

使用贪心算法求解此问题时，首先要计算每个物品的单位重量价值，如表 4.3 所示。

表 4.3 背包问题物品的单位重量价值

物品 i	1	2	3	4	5	6	7	8
重量 $w[i]$	14	24	11	19	16	9	5	4
价值 $v[i]$	12	24	21	13	24	27	14	8
重量价值比 $per[i]$	0.9	1.0	1.9	0.7	1.5	3.0	2.8	2.0

按照每个物品的单位重量价值从高到低进行排序，如表 4.4 所示。

表 4.4 背包问题待装入背包的物品排序

物品 i	6	7	8	3	5	2	1	4
重量 $w[i]$	9	5	4	11	16	24	14	19
价值 $v[i]$	27	14	8	21	24	24	12	13
重量价值比 $per[i]$	3.0	2.8	2.0	1.9	1.5	1.0	0.9	0.7

按照设计好的贪心选择策略，每次从剩余物品中选择单位重量价值最大的物品放入背包，过程如下：

1）将物品 6 放入背包，由于物品 6 的重量为 9，所以背包剩余容量为 30 - 9 = 21，物品 6 的价值为 27，背包产生的价值为 27。

2）将物品 7 放入背包，由于物品 7 的重量为 5，所以背包剩余容量为 21 - 5 = 16，物品 7 的价值为 14，背包产生的价值为 27 + 14 = 41。

3）将物品 8 放入背包，由于物品 8 的重量为 4，所以背包剩余容量为 16 - 4 = 12，物品 8 的价值为 8，背包产生的价值为 41 + 8 = 49。

4）将物品 3 放入背包，由于物品 3 的重量为 11，所以背包剩余容量为 12 - 11 = 1，物品 3 的价值为 21，背包产生的价值为 49 + 21 = 70。

5）将物品 5 放入背包，由于物品 5 的重量为 16，背包剩余容量为 1，所以物品 5 无法全部装入背包，但由于背包问题允许只装入物品的一部分，所以只装入物品 5 的 1 个单位重量即可。物品 5 的价值为 24，装入背包的 6 个单位重量产生的价值为 24×1/16 = 1.5，背包产生的价值为 70 + 1.5 = 71.5。背包装满，得到问题的最优值为 71.5，算法结束。

算法的实现代码如下[1]：

```
public static float knapsack(float c,float [] w,float []v,float [] x)
{
 Element [] d = new Element [n];
 for (int i=0;i<n;i++)
  per[i]=new Element(w[i],v[i],i);
  mergeSort(per,0,n-1);
  int i;
  float opt=0;
  for (i=0;i<n;i++) x[i]=0;
  for (i=0;i<n;i++)
  {
   if(per[i].w>c)break;
   x[per[i].i]=1;
   opt+=per[i].v;
   c-=per[i].w;
  }
  if(i<n)
  {x[per[i].i]=c/per[i].w;
   opt+=x[per[i].i]*per[i].v;
  }
  return opt;
  }
```

算法的复杂性为 $O(n\log n)$。

4.4　哈夫曼编码

计算机中的字符采用二进制编码来表示。1952 年，信息论的先驱 David A. Huffman 提出了一种基于字符使用频率的变长码编码方案，这种方案对使用频率较高的字符用较短的二进制码进行编码，对使用频率较低的字符用较长的二进制码进行编码。哈夫曼编码大大提高了信息传输的效率，至今仍有广泛的应用。

下面，首先了解定长码与变长码的编码和译码。假设有一个使用编码字符集的数据文件，数据文件中每个字符出现的频率如表 4.5 所示。

表 4.5　数据文件中每个字符出现的频率

字　符	a	b	c	d	e	f	g
频率/千次	16	17	22	18	3	20	4

如果使用定长码编码，那么可以对表的每个字符赋予一个长度为 3 的二进制比特串。编码字符集的定长码编码如表 4.6 所示。

表 4.6　编码字符集的定长码编码

字　符	a	b	c	d	e	f	g
频率/千次	16	17	22	18	3	20	4
定长编码	000	001	010	011	100	101	110

然而，为了减少存储空间，通常需要对文件进行压缩。为了产生平均长度更短的文本编码，更优的编码方案是把较短的比特串分配给更常用（频率高的）的字符，把较长的比特串分配给较不常用（频率低的）的字符。编码字符集的变长码编码如表 4.7 所示。

表 4.7　编码字符集的变长码编码

字　符	a	b	c	d	e	f	g
频率/千次	16	17	22	18	3	20	4
变长编码	101	110	01	111	1000	00	1001

一个包含 100000 个字符的文件，其定长编码需要 300000 位。

按照变长码编码方案，文件的总码长为

$$(16×3 + 17×3 + 22×2 + 18×3 + 3×4 + 20×2 + 4×4)×1000 = 265000$$

使用变长码编码方案与使用定长码编码方案相比，总码长减少了约 11%。

译码是编码的逆过程。定长码的译码相对简单，如 100011101010000000001 译码为 *edfcaab*。但是，一旦获得变长码编码 11100011011001110，该如何译码呢？也就是说，如何知道编码文本中第几位到第几位代表第几个字符呢？为了解决这个问题，引入了前缀码。

对每个字符，规定一个 0, 1 串作为其代码，并要求任意一个字符的代码都不是其他字符代码的前缀，这种编码被称为前缀码。表 4.7 即是上述编码字符集的一个前缀码编码方案。

有了前缀码，变长码的译码就变得简单。此时，11100011011001110 可译码为 *dfcagb*。

为方便译码，需要建立易于取出编码前缀的数据结构，二叉树即是合适的数据结构，如图 4.2 所示。约定左分支为 0，右分支为 1，从根结点到叶结点的一条通路代表编码字符集中的一个字符，叶结点即为给定的字符。

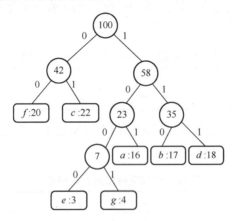

图 4.2　前缀码编码树

给定编码字符集 C 及其频率分布 f，C 中任意一个字符 c 以频率 $f(c)$ 在数据文件中出现。字符 c 在树 T 中的深度记为 $d_T(c)$，$d_T(c)$ 即字符 c 的前缀码长。于是，该编码方案的平均码长定义为

$$B(T) = \sum_{c \in C} f(c)d_T(c)$$

使平均码长达到最小的前缀码编码方案称为给定编码字符集 C 的最优前缀码。哈夫曼采用贪心算法构造出最优前缀码，由此产生的编码方案称为哈夫曼编码。哈夫曼编码广泛应用于数据压缩，在大容量数据存储及远距离通信方面发挥着重要作用。

哈夫曼编码的贪心策略是把每个字符视为一棵具有频率的树。每次从树的集合中找到两棵具有最小频率的树，构造一棵新树，新树根结点的频率为这两棵树的频率之和，将这棵树插入树的集合中。之后，以同样的策略执行上述步骤，直到集合中只剩下一棵树，这棵树就是哈夫曼树。

哈夫曼编码算法的实现代码如下[1]：

```
public static Bintree huffmanTree(float[] f)
{
 int n=f.length;
```

```
Huffman[] w=new Huffman[n+1];
Bintree zero=new Bintree();
for(int i=0;i<n;i++)
{
 Bintree x=new Bintree();
 x.makeTree(new MyInteger(i),zero,zero);
 w[i+1]=new Huffman(x,f[i]);
 }
 MinHeap H=new MinHeap();
 H.initialize(w,n);
 for(int i=1;i<n;i++)
 {
   Huffman x=(Huffman).H.removemin();
   Huffman y=(Huffman).H.removemin();
   Bintree z=new Bintree();
   z.makeTree(null,x.tree,y.tree);
   Huffman t=new Huffman(z,x.weight+y.weight);
   H.Put(t);
   }
    return ((Huffman)H.removemin()).tree;
}
```

算法举例如下。给定编码字符集及每个字符在文件中出现的频率，如表 4.8 所示，构造该编码字符集的哈夫曼编码树。

表 4.8　字符在文件中出现的频率

字　　符	a	b	c	d	e	f	g
频率/千次	16	17	22	18	3	20	4

哈夫曼编码在做贪心选择时，需要合并两棵具有最小频率的树。为了每次都能找到两棵具有最小频率的树，最好的办法是以频率为键值构建一个最小优先队列，用最小堆实现最小优先队列。之后，不断地从最小优先队列中取出具有最小频率的两棵树，合并成一棵新树，新树的频率为两棵树的频率之和，并将新树插入优先队列。哈夫曼编码树的构建过程如图 4.3 所示。

哈夫曼编码实现了根据字母的使用频率来设计变长码。构造的结果是使用频率最低的字符位于最深的叶结点，拥有最长的路径，即最长的编码；使用频率最高的字符靠近树根，拥有最短的路径，即是最短的编码。

算法 huffmanTree 用最小堆实现优先队列 Q。初始化优先队列需要的计算机时间为 $O(n)$，由于最小堆的 removeMin 运算和 put 运算需要的时间均为 $O(\log n)$，所以 $n-1$ 次合并需要的计算机为 $O(n\log n)$。因此，关于 n 个字符的哈夫曼算法的计算时间为 $O(n\log n)$。

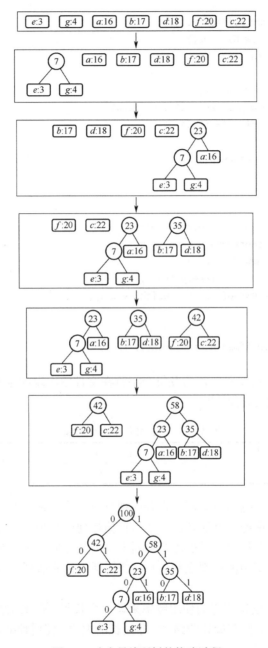

图 4.3　哈夫曼编码树的构建过程

4.5 单源最短路径

计算带权有向图 $G=(V,E)$ 中的一个点（源点）到其余各顶点的最短路径长度，也称单源最短路径问题。路径的长度是路径上各边的权的和，其中每条边的权是非负实数，如图 4.4 所示。源点为顶点 1，要求确定由源点到其余各顶点的最短路径长度。Dijkstra 算法是求解单源最短路径问题的一种基于贪心策略的算法，该算法由荷兰计算机科学家 Edsger Wyb Dijkstra 于 1959 年提出，算法发表于 *Numerische Mathematik* 期刊的创刊号上。

Dijkstra 算法的基本思想是，设置一个顶点集合 S，每次找到一个离源点最近的顶点，就将其放入顶点集合 S 中，直到 $S=V$。一旦 S 包含了 V 中的所有顶点，算法就得到了从源点到所有其他顶点之间的最短路径长度。

首先，用一个 5×5 的邻接矩阵来存储图 G 的信息，如图 4.5 所示。顶点 i 与顶点 j 属于顶点集合 V，若边 (i,j) 属于图 $G=(V,E)$ 的边集 E，则 $a[i][j]=1$，否则 $a[i][j]=0$。

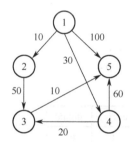

图 4.4 单源最短路径

	1	2	3	4	5
1	0	10	∞	30	100
2	∞	0	50	∞	∞
3	∞	∞	0	∞	10
4	∞	∞	20	0	60
5	∞	∞	∞	∞	0

图 4.5 图 G 的邻接矩阵

初始状态下，顶点集合 S 内只有源点 1 自身 $S=\{1\}$，$V-S=\{2,3,4,5\}$。设 u 是 G 的某个顶点，$u\in V-S$，把从源点到 u 且中间只经过 S 中顶点的路径称为从源点到 u 的特殊路径，并用数组 dist[] 记录从源点到顶点 u 的最短特殊路径长度。设置数组 prev[] 记录从源点到顶点 u 的最短路径中顶点 u 的前一个顶点。顶点 2，3，4 和 5 的 dist[] 值与 prev[] 值如图 4.6 所示。

Dijkstra 算法每次从 $V-S$ 中取出具有最短特殊路径长度的顶点 u，将 u 添加到 S 中。显然，dist[2] 是最小的，所以把顶点 2 加入顶点集合 S，$S=\{1,2\}$，$V-S=\{3,4,5\}$。接下来需要对数组 dist[] 做必要的修改。由于顶点 2 的加入，顶点 1（源点）可能产生一条到顶点 3，4，5 的新的特殊路径。

顶点 3 的特殊路径本来不存在，但顶点 2 加入 S 后，顶点 3 可以由顶点 1 通过顶点 2 抵达，因此顶点 3 有了一条特殊路径：顶点 1 到顶点 2 再到顶点 3。原先 dist[3]=∞，显然新路径更短，故 dist[3]=60。

迭代	S	u	dist [2]	dist [3]	dist [4]	dist [5]
初始	{1}	—	10	∞	30	100

dist [ ]

迭代	S	u	prev [2]	prev [3]	prev [4]	prev [5]
初始	{1}	—	1	0	1	1

prev [ ]

图 4.6　单源最短路径 Dijkstra 算法的求解过程

顶点 4 的特殊路径没变，因为顶点 2 没有到顶点 4 的通路。

顶点 5 的特殊路径没变，因为顶点 2 没有到顶点 5 的通路。

该步骤 Dijkstra 算法的求解过程如图 4.7 所示。

迭代	S	u	dist [2]	dist [3]	dist [4]	dist [5]
初始	{1}	—	10	∞	30	100
1	{1, 2}	2	10	60	30	100

dist [ ]

迭代	S	u	prev [2]	prev [3]	prev [4]	prev [5]
初始	{1}	—	1	0	1	1
1	{1, 2}	2	1	2	1	1

prev [ ]

图 4.7　单源最短路径 Dijkstra 算法的求解过程 1

显然，dist[4] 是最小的，所以把顶点 4 加入顶点集合 S，顶点集合 $S = \{1,2,4\}$，$V - S = \{3,5\}$。由于顶点 4 的加入，顶点 3 不仅可以由顶点 1 通过顶点 2 抵达，还可以由顶点 1 通过顶点 4 抵达，这两个路径都是顶点 3 的特殊路径。原先 dist[3] = 60，显然新路径更短，故 dist[3] = 50。顶点 4 加入 S 后，顶点 5 不仅可以由顶点 1 通过顶点 5 抵达，还可以由顶点 1 通过顶点 4 抵达，这两个路径都是顶点 5 的特殊路径，原先 dist[5] = 100，显然新路径更短，故 dist[5] = 90。该步骤 Dijkstra 算法的求解过程如图 4.8 所示。

迭代	S	u	dist [2]	dist [3]	dist [4]	dist [5]
初始	{1}	—	10	∞	30	100
1	{1, 2}	2	10	60	30	100
2	{1, 2, 4}	4	10	50	30	90

dist [ ]

迭代	S	u	prev [2]	prev [3]	prev [4]	prev [5]
初始	{1}	—	1	0	1	1
1	{1, 2}	2	1	2	1	1
2	{1, 2, 4}	4	1	4	1	4

prev [ ]

图 4.8 单源最短路径 Dijkstra 算法求解过程 2

显然，dist[3] 是最小的，所以把顶点 3 加入顶点集合 S，顶点集合 $S = \{1,2,4,3\}$，$V - S = \{5\}$。由于顶点 3 的加入，顶点 5 可能产生一条由顶点 1 到顶点 4 到顶点 3 再到顶点 5 新的特殊路径。原先 dist[5] = 90，新路径长度是 60，显然新路径更短，故 dist[5] = 60。该步骤 Dijkstra 算法的求解过程如图 4.9 所示。

迭代	S	u	dist [2]	dist [3]	dist [4]	dist [5]
初始	{1}	—	10	∞	30	100
1	{1, 2}	2	10	60	30	100
2	{1, 2, 4}	4	10	50	30	90
3	{1, 2, 4, 3}	3	10	50	30	60

dist [ ]

图 4.9 单源最短路径 Dijkstra 算法的求解过程 3

迭代	S	u	prev [2]	prev [3]	prev [4]	prev [5]
初始	{1}	—	1	0	1	1
1	{1, 2}	2	1	2	1	1
2	{1, 2, 4}	4	1	4	1	4
3	{1, 2, 4, 3}	3	1	4	1	3

prev [ ]

图 4.9　单源最短路径 Dijkstra 算法的求解过程 3（续）

把顶点 5 加入顶点集合 S ，$S = \{1,2,3,4,5\}$ 。顶点集合 S 包含了 V 中的所有顶点，算法得到了从源点到所有其他顶点之间的最短路径长度，算法结束。该步骤 Dijkstra 算法的求解过程如图 4.10 所示。

迭代	S	u	dist [2]	dist [3]	dist [4]	dist [5]
初始	{1}	—	10	∞	30	100
1	{1, 2}	2	10	60	30	100
2	{1, 2, 4}	4	10	50	30	90
3	{1, 2, 4, 3}	3	10	50	30	60
4	{1, 2, 4, 3, 5}	5	10	50	30	60

dist [ ]

迭代	S	u	prev [2]	prev [3]	prev [4]	prev [5]
初始	{1}	—	1	0	1	1
1	{1, 2}	2	1	2	1	1
2	{1, 2, 4}	4	1	4	1	4
3	{1, 2, 4, 3}	3	1	4	1	3
4	{1, 2, 4, 3, 5}	5	1	4	1	3

prev [ ]

图 4.10　单源最短路径 Dijkstra 算法的求解过程 4

单源最短路径 Dijkstra 算法的实现代码如下[1]：

```
public static void dijkstra(int v,float [][]a,float [] dist,int [] prev)
{if(v<1||v>n)return;
 boolean []s=new boolean[n+1];
 for (int i=1;i<n;i++)
 {
```

```
dist[i]=a[v][i];  s[i]=false;
 if (dist[i]==Float.MAX_VALUE) prev[i]=0;
 else  prev[i]=v;
}
dist[v]=0;s[v]=true;
for(int i=1;i<n;i++)
{float temp=Float.MAX_VALUE;
 int u=v;
for (int j=1;j<=n;j++)
if (!s[j] && (dist[j]<temp))
{ u=j;
 temp=dist[j];
}
s[u]=true;
for(int j=1;j<=n;j++)
  if(!s[j]&&(a[u][j]<Float.MAX_VALUE)){
  float newdist=dist[u]+a[u][j];
  if(newdist<dist[j])
  { dist[j]=newdist;
   prev[j]=u;
  }
 }
 }
```

单源最短路径 Dijkstra 算法的时间复杂性分析：对于具有 n 个顶点和 e 条边的带权有向图，如果用带权邻接矩阵表示这个图，那么 Dijkstra 算法的主循环体需要的时间为 $O(n)$。这个循环需要执行 $n-1$ 次，所以完成循环需要的时间为 $O(n^2)$。算法其余部分所需要的时间不超过 $O(n^2)$。

4.6 最小生成树

在现实生活中，如果需要在 n 个城市之间建设通信网或道路网，如何能以最低花费完成这项工作是必须要解决的问题。诸如此类的问题可以用一个包含 n 个顶点的无向连通带权图即一个网络 $G=(V,E)$ 来表示，如图 4.11(a)所示。边集 E 中每条边 (v,w) 的权为 $c[v][w]$，代表顶点与顶点之间的消耗。如果图 G 的子图 G' 是一棵包含 G 的所有顶点的树，则称子

图 G' 为图 G 的生成树，如图 4.11(b)所示。一个无向图 G 有多棵生成树。在图 G 的所有生成树中，耗费最小的生成树称为图 G 的最小生成树。图 G 的最小生成树给出了建设通信网或道路网的最经济的方案。

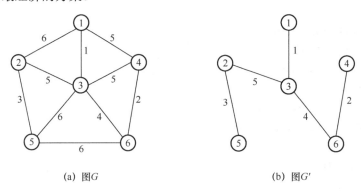

(a) 图G　　　　　　　　　(b) 图G'

图 4.11　最小生成树问题

构造最小生成树的算法有多种，这些算法均利用了最小生成树的 MST 性质：设 $G = (V, E)$ 是无向连通带权图，设顶点集合 U 是 V 的真子集，如果 $(u,v) \in E$，$u \in U$，$v \in V - U$，且在所有这样的边中，(u,v) 是一条具有最小权值的边，那么必定存在图 G 的一棵最小生成树，这棵树包含边 (u,v)。Prim 普林姆算法即是使用 MST 性质构造最小生成树的算法。

构造图 $G = (V,E)$ 的最小生成树的 Prim 算法的基本思想是：首先设置一个顶点集合 $S = \{1\}$，然后，只要 S 是 V 的真子集，就做如下贪心选择：选取满足条件 $i \in S$，$j \in V - S$，且 $c[i][j]$ 最小的边 (i, j)，将顶点 j 添加到 S 中，将边 (i, j) 并入树中。这个过程一直进行到 $S = V$ 时为止。在这个过程中选取的所有边恰好构成图 G 的一棵最小生成树。

Prim 算法的实现代码如下[1]：

```
public static void prim(int n,float [][]c)
{ float[] lowcost=new float[n+1];
  int[] closest=new int[n+1];
  boolean [] s=new boolean[n+1];
  s[1]=true;
  for (int i=2;i<=n;i++)
  { lowcost[i]=c[1][i];
    closest[i]=1;
    s[i]=false;
  }
  for (int i=1;i<n;i++)
  {float min=Float.MAX_VALUE;
```

```
int j=1;
for (int k=2;k<=n;k++)
if((lowcost[k]<min)&&(!s[k]))
{
 min=lowcost[k];
 j=k;
}
System.out.println(j+",  "+closest[j]);
s[j]=true;
for(int k=2;k<=n;k++)
if((c[j][k]<lowcost[k])&&(!s[k]))
{
 lowcost[k]=c[j][k];
 closest[k]=j;
}
}
```

下面以图 4.11 为例说明 Prim 算法构建最小生成树的过程。首先，需要用一个 6×6 的矩阵来存储图的信息，如图 4.12 所示。

	1	2	3	4	5	6
1	0	6	1	5	∞	∞
2	6	0	5	∞	3	∞
3	1	5	0	5	6	4
4	5	∞	5	0	∞	2
5	∞	3	6	∞	0	6
6	∞	∞	4	2	6	0

图 4.12　图 G 的邻接矩阵

构造图 G 的最小生成树时，首先设置顶点集合 S，令 $S = \{1\}$，即把顶点 1 放入 S 集合，因此 $V - S = \{2,3,4,5\}$。Prim 算法不断地用贪心策略扩充顶点集合 S。算法首先要找到与顶点集合 S 相连的边，即如果这条边是 (i, j)，那么它的两个顶点中，一个顶点 $i \in S$，另一个顶点 $j \in V - S$。当顶点集合为 $S = \{1\}$ 时，显然这条边是与顶点 1 相连的边，这些边有 $(1,2), (1,3)$ 和 $(1, 4)$。接下来，算法需要在这些边中找到边长最短的边，即要找到距离顶点集合 S 最近的顶点。为了记录顶点集合 $V - S$ 中的顶点 j 到顶点集合 S 的距离，需要设置一个数组 lowcost[j]，同时还需要设置一个数组 closest[j] 用以记录集合 S 中离顶点 j 最近的顶点。顶点 2, 3, 4, 5 和 6 的 lowcost[j] 与 closest[j] 的值如图 4.13 所示。

迭代	S		lowcost [2]	lowcost [3]	lowcost [4]	lowcost [5]	lowcost [6]
初始	{1}	—	6	1	5	∞	∞

lowcost [ ]

迭代	S		closest [2]	closest [3]	closest [4]	closest [5]	closest [6]
初始	{1}	—	1	1	1	null	null

closest [ ]

图 4.13　最小生成树 Prim 算法的求解过程 1

　　Prim 算法在这些边中找出边长最短的边(1, 3)，把它并入最小生成树。把顶点 3 放入集合 S，$S = \{1,3\}$，$V - S = \{2,4,5,6\}$。因为顶点 3 的加入，顶点集合 S 发生了变化，因此集合 $V - S$ 集中的每个顶点到顶点集合 S 的距离也发生变化。对于顶点 2，当顶点集合 $S = \{1\}$ 时，顶点 2 与顶点集合 S 相连的边只有一条，即边(1, 2)，$c[1][2] = 6$，现在因为顶点 3 加入顶点集合 S，顶点 2 多了一条与顶点集合 S 相连的边(2, 3)，$c[2][3] = 5$，因为 $c[2][3] < c[1][2]$，所以顶点 2 到顶点集合 S 的距离更新为边(2, 3)的边长，lowcost[2] = $c[2][3] = 5$，集合 S 中离顶点 2 最近的顶为顶点 3，closest[2] = 3。对于顶点 4，因为顶点 3 与顶点 4 没有边相连，所以顶点 4 的lowcost[j]与closest[j]的值不变。对于顶点 5 和顶点 6，当顶点集合 $S = \{1\}$ 时，顶点 5 和顶点 6 与顶点集合 S 没有边相连，而现在因为顶点 3 加入顶点集合 S，顶点 5 和顶点 6 与顶点集合 S 有边相连，故lowcost[5] = 6，closest[5] = 3；lowcost[6] = 4，closest[6] = 3。Prim 算法该步骤的求解过程如图 4.14 所示，最小生成树的构造过程如图 4.15 所示。

　　离顶点集合 S 最短的边是(3, 6)，把它并入最小生成树。把顶点 6 放入集合 S，$S = \{1,3,6\}$，$V - S = \{2,4,5\}$。顶点 2 与顶点 6 之间没有边相连，所以其lowcost[2]与closest[2]的值无须更新。顶点 4 与顶点 6 之间有边相邻，$c[4][6] = 2$，$c[4][6] < c[1][4]$，所以顶点 4 到顶点集合 S 的距离更新为边(4, 6)的边长 $c[4][6] = 2$，lowcost[4] = 2，lowcost[4] = 6。顶点 5 与顶点 6 之间

有边相邻，$c[5][6]=6$，$c[5][6]=c[3][5]$，所以其 lowcost[5] 与 closest[5] 的值无须更新。Prim 算法该步骤的求解过程如图 4.16 所示，最小生成树的构造过程如图 4.17 所示。

迭代	S		lowcost [2]	lowcost [3]	lowcost [4]	lowcost [5]	lowcost [6]
初始	{1}	—	6	1	5	∞	∞
1	{1, 3}	3	5	1	5	6	4

lowcost [ ]

迭代	S		closest [2]	closest [3]	closest [4]	closest [5]	closest [6]
初始	{1}	—	1	1	1	null	null
1	{1, 3}	3	3	1	1	3	3

closest [ ]

图 4.14 最小生成树 Prim 算法的求解过程 2

图 4.15 Prim 算法最小生成树的构造过程 1

迭代	S		lowcost [2]	lowcost [3]	lowcost [4]	lowcost [5]	lowcost [6]
初始	{1}	—	6	1	5	∞	∞
1	{1, 3}	3	5	1	5	6	4
2	{1, 3, 6}	6	5	1	2	6	4

lowcost [ ]

图 4.16 最小生成树 Prim 算法的求解过程 3

迭代	S		closest[2]	closest[3]	closest[4]	closest[5]	closest[6]
初始	{1}	—	1	1	1	null	null
1	{1, 3}	3	3	1	1	3	3
2	{1, 3, 6}	6	3	1	6	3	3

closest [ ]

图 4.16　最小生成树 Prim 算法的求解过程 4

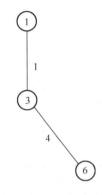

图 4.17　Prim 算法最小生成树的构造过程 2

离顶点集合 S 最短的边是(4，6)，把它并入最小生成树。把顶点 4 放入集合 S，$S = \{1,3,6,4\}$，$V - S = \{2,5\}$。顶点 2 与顶点 4 之间没有边相连，所以其 lowcost[2] 与 closest[2] 的值无须更新。顶点 5 与顶点 4 之间没有边相连，所以其 lowcost[5] 与 closest[5] 的值无须更新。Prim 算法该步骤的求解过程如图 4.18 所示，最小生成树的构造过程如图 4.19 所示。

迭代	S		lowcost[2]	lowcost[3]	lowcost[4]	lowcost[5]	lowcost[6]
初始	{1}	—	6	1	5	∞	∞
1	{1, 3}	3	5	1	5	6	4
2	{1, 3, 6}	6	5	1	2	6	4
3	{1, 3, 6, 4}	4	5	1	2	6	4

lowcost [ ]

图 4.18　最小生成树 Prim 算法的求解过程 5

迭代	S		closest [2]	closest [3]	closest [4]	closest [5]	closest [6]
初始	{1}	—	1	1	1	null	null
1	{1, 3}	3	3	1	1	3	3
2	{1, 3, 6}	6	3	1	6	3	3
3	{1, 3, 6, 4}	4	3	1	6	3	3

closest [ ]

图 4.18　最小生成树 Prim 算法的求解过程 5（续）

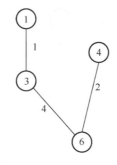

图 4.19　Prim 算法最小生成树的构造过程 3

离顶点集合 S 最短的边是 $(2,3)$，把它并入最小生成树。把顶点 2 放入集合 S，$S = \{1,3,6,4,2\}$，$V - S = \{5\}$。顶点 5 与顶点 2 之间有边相邻，$c[2][5] = 3$，$c[2][5] < c[2][3]$，所以顶点 5 到顶点集合 S 的距离更新为边 $(2,5)$ 的边长 $c[2][5] = 3$，lowcost[5] = 3，closest[5] = 2。Prim 算法该步骤的求解过程如图 4.20 所示，最小生成树的构造过程如图 4.20 所示。

迭代	S		lowcost [2]	lowcost [3]	lowcost [4]	lowcost [5]	lowcost [6]
初始	{1}	—	6	1	5	∞	∞
1	{1, 3}	3	5	1	5	6	4
2	{1, 3, 6}	6	5	1	2	6	4
3	{1, 3, 6, 4}	4	5	1	2	6	4
4	{1, 3, 6, 4, 2}	2	5	1	2	3	4

lowcost [ ]

图 4.20　最小生成树 Prim 算法的求解过程 6

迭代	S		closest [2]	closest [3]	closest [4]	closest [5]	closest [6]
初始	{1}	—	1	1	1	null	null
1	{1, 3}	3	3	1	1	3	3
2	{1, 3, 6}	6	3	1	6	3	3
3	{1, 3, 6, 4}	4	3	1	6	3	3
4	{1, 3, 6, 4, 2}	2	3	1	6	2	3

closest [ ]

图 4.20　最小生成树 Prim 算法的求解过程 6（续）

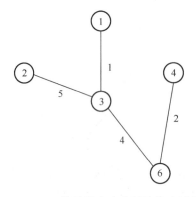

图 4.21　Prim 算法最小生成树的构造过程 4

离顶点集合 S 最短的边是 $(2,5)$，把它并入最小生成树。把顶点 5 放入集合 S，$S = \{1,3,6,4,2,5\}$，$V - S = \{\}$。顶点集合 $V - S$ 为空，算法结束。Prim 算法该步骤的求解过程如图 4.22 所示，最小生成树的构造过程如图 4.23 所示。

迭代	S		lowcost [2]	lowcost [3]	lowcost [4]	lowcost [5]	lowcost [6]
初始	{1}	—	6	1	5	∞	∞
1	{1, 3}	3	5	1	5	6	4
2	{1, 3, 6}	6	5	1	2	6	4
3	{1, 3, 6, 4}	4	5	1	2	6	4
4	{1, 3, 6, 4, 2}	2	5	1	2	3	4
5	{1, 3, 6, 4, 2, 5}	5	5	1	2	3	4

lowcost [ ]

图 4.22　最小生成树 Prim 算法的求解过程 7

迭代	S		closest [2]	closest [3]	closest [4]	closest [5]	closest [6]
初始	{1}	—	1	1	1	null	null
1	{1, 3}	3	3	1	1	3	3
2	{1, 3, 6}	6	3	1	6	3	3
3	{1, 3, 6, 4}	4	3	1	6	3	3
4	{1, 3, 6, 4, 2}	2	3	1	6	2	3
5	{1, 3, 6, 4, 2, 5}	5	3	1	6	2	3

closest [ ]

图 4.22　最小生成树 Prim 算法的求解过程 7（续）

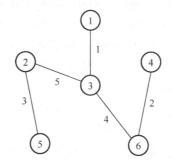

图 4.23　Prim 算法最小生成树的构造过程 5

最小生成树 Prim 算法的时间复杂性为 $O(n^2)$。

第 5 章　回溯法

5.1　基本思想

回溯法是在问题的解空间中以深度优先的方式搜索问题的解的算法。应用回溯法求解问题时，首先应定义问题的解空间。问题的解空间由问题所有可能的解组成，问题的解空间中应至少包含问题的一个（最优）解。例如，对于有 3 个物品的 0-1 背包问题，其所有可能的解即问题的解空间是 $\{(0,0,0),(0,0,1),(0,1,0),(1,0,0),(1,0,1),(1,1,0),(0,1,1),(1,1,1)\}$。为了便于在问题的解空间中按照一定的组织结构搜索问题的最优解，应建立合适的解空间结构。解空间结构一般采用树的形式，主要包括子集树和排列树。回溯法在问题的解空间结构中，从根结点开始以深度优先的策略系统地搜索问题的所有解或任一解。

所谓深度优先策略，是指回溯法从根结点出发开始搜索，根结点成为活结点并且是当前的可扩展结点。在当前的可扩展结点处，搜索向纵深方向移至一个新结点。如果这个新结点是可行结点，那么它就成为新的活结点，并成为当前的可扩展结点，搜索继续向纵深方向移至一个新结点；如果这个新结点是不可行结点，那么它就成为死结点，此时搜索往回移动到离其最近的一个活结点处。回溯法再以相同的策略递归地在解空间树中进行搜索，直至找到问题的解或解空间中已无活结点时为止。

用回溯法搜索解空间时，通常采用两种策略来避免无效搜索，进而提高回溯法的搜索效率：一是采用约束函数在扩展结点处剪去不满足约束条件的子树，二是采用限界函数在扩展结点处剪去不能得到最优解的子树。约束函数与限界函数统称为剪枝函数。

本章研究如何采用回溯法求解装载问题、批处理作业调度、n 皇后问题、最大团问题和图的 m 着色问题。

5.2　装载问题

有 n 个集装箱要装上两艘载重量分别为 C_1 和 C_2 的轮船，其中集装箱 i 的重量为 w_i，且 $\sum w_i \leqslant C_1 + C_2$。问是否有一个合理的装载方案能将这 n 个集装箱装上这两艘轮船？如果有，找出一种装载方案。

设 wt 为装上第一艘轮船的集装箱的重量之和。此时，如果 $\sum_{i=1}^{n} w_i - \text{wt} \leqslant C_2$，那么问题有解；否则问题无解。因此，该问题是在 $\text{wt} \leqslant C_1$ 的前提下，寻找 wt 的最大值，使得 $C_1 - \text{wt}$ 尽量小，即问题等价于如何将第一艘轮船尽可能装满。而如何将第一艘轮船尽可能装满等价于选取全体集装箱的一个子集，使该子集中集装箱的重量之和最接近 C_1。该问题的形式化描述为

$$\max \sum_{i=1}^{n} w_i x_i$$

$$\sum_{i=1}^{n} w_i x_i \leqslant C_1$$

$$x_i \in \{0,1\}, \ 1 \leqslant i \leqslant n$$

设有 3 个集装箱要装上两艘载重量分别为 C_1 和 C_2 的轮船，$C_1 = C_2 = 30$，$w = \{16,15,15\}$，问是否有一个合理的装载方案能将这 3 个集装箱装上这两艘轮船？采用回溯法求解此问题。

1．定义问题的解空间

首先定义问题的解空间。对于有 3 个集装箱要装上轮船的装载问题，其解空间由长度为 3 的 0 − 1 向量即 $\{(0,0,0),(0,0,1),(0,1,0),(1,0,0),(1,0,1),(1,1,0),(0,1,1),(1,1,1)\}$ 组成。

2．建立解空间结构

装载问题的解空间结构是一棵完全二叉树。解空间树中每个结点都有左右两个分支，左分支用 1 标识，表示把第 i 个集装箱放上轮船，右分支用 0 标识，表示不把集装箱 i 放上轮船。解空间树的第 i 层到第 $i+1$ 层边上的标号给出了变量的值，从树根到叶的任意一条路径表示解空间中的一个元素。例如，从根结点 A 到叶结点 L 的路径对应于解空间中的元素 $(0,1,1)$。装载问题的解空间树如图 5.1 所示。

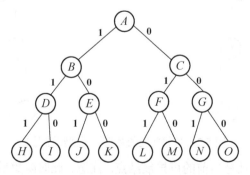

图 5.1　装载问题的解空间树

当所给的问题是从 n 个元素的集合 S 中找出满足某种性质的子集时，相应的解空间树

称为子集树。装载问题的解空间树就是一棵子集树。子集树通常有 2^n 个叶结点，遍历子集树需要的计算时间为 $O(2^n)$。

3. 采用回溯法以深度优先的方式搜索解空间树

初始时结点 A 是活结点并且是当前的可扩展结点，结点 A 有 2 个子结点，即 B 和 C。左分支用 1 标识，表示把集装箱 1 放上第一艘轮船，右分支用 0 标识，表示不把集装箱 1 放上轮船。结点 A 是根结点，根结点在第一层，i 从 1 开始调用回溯法算法框架，即使用函数 backtrack(1)开始搜索进程。注意，此时除集装箱 1 外，岸上剩余的等待装上轮船的集装箱（集装箱 2 和集装箱 3）的重量之和为 30（$r=30$）。按照回溯法的搜索策略，在当前的可扩展结点 A 处，搜索向纵深方向移到一个新结点。在搜索过程中，为了加快搜索的进程，避免无效搜索，在进入左子树之前，需设置约束函数在扩展结点处剪去不满足约束条件的子树；在进入右子树之前，需设置限界函数在扩展结点处剪去不能得到最优解的子树。首先检测左子树处是否满足约束条件。约束函数设置为装上轮船的集装箱重量和不能超过第一艘轮船的载重。cw 为当前已放上轮船的集装箱的重量和，$w[1]$ 为集装箱 1 的重量，C_1 是第一艘轮船的载重。因为 cw+$w[1]$≤C_1，结点 B 满足约束条件，可以将集装箱 1 放上轮船，$x[1]=1$，cw=16。结点 B 成为活结点并成为当前的可扩展结点，递归函数 backtrack(2)开始向结点 B 的下一层进行搜索。该步骤的解空间树搜索过程如图 5.2 所示。

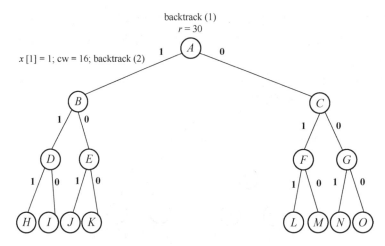

图 5.2 装载问题的解空间树搜索过程 1

结点 B 是活结点并且是当前的可扩展结点。注意，此时除集装箱 1 和集装箱 2 外，岸上等待装上轮船的集装箱只有集装箱 3，故 $r=15$。按照回溯法的搜索策略，在当前的可扩展结点 B 处，搜索向纵深方向移到一个新结点。结点 B 有 2 个子结点，即 D 和 E。首

先检测左子结点 D 是否满足约束条件。约束函数设置为装上轮船的集装箱重量和不能超过轮船的载重量。因为 $cw+w[2]=31$ 超过了第一艘轮船的载重量，因此不能将集装箱 2 放上轮船，结点 D 不满足约束条件，成为死结点，搜索往回移动，回到结点 B。接下来检测结点 B 的右子结点是否满足限界条件。首先设置该问题的一个最优值 bestw（该值被初始化为 0），在结点 E 处有 $cw=16, r=15, cw+r>bestw$，有可能有最优解产生，结点 E 成为活结点并成为当前的可扩展结点，递归函数 backtrack(3) 开始向结点 E 的下一层进行搜索。该步骤的解空间树搜索过程如图 5.3 所示。

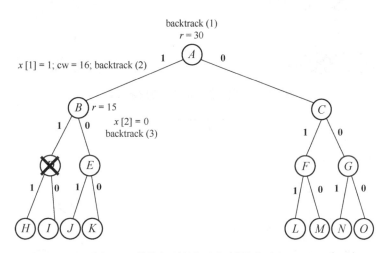

图 5.3　装载问题的解空间树搜索过程 2

结点 E 是活结点并且是当前的可扩展结点。注意，此时除集装箱 3 外，岸上已无等待装上轮船的集装箱，故 $r=0$。按照回溯法的搜索策略，在当前的可扩展结点 E 处，搜索向纵深方向移到一个新结点。结点 E 有 2 个子结点，即 J 和 K。首先检测左子结点 J 是否满足约束条件。约束函数设置为装上轮船的集装箱重量和不能超过轮船的载重量。因为 $cw+w[3]=31$，超过了第一艘轮船的载重量，因此不能将集装箱 3 放上轮船，结点 J 不满足约束条件，成为死结点，搜索往回移动，回到结点 E。接下来检测结点 E 的右子结点是否满足限界条件。 $cw=16, r=0, cw+r>bestw$，有可能有最优值产生，结点 K 成为活结点并成为当前的可扩展结点， $x[3]=0$，递归函数 backtrack(4) 开始向结点 K 的下一层进行搜索。该步骤的解空间树搜索过程如图 5.4 所示。

结点 K 是活结点并且是当前的可扩展结点。注意到结点 K 为叶结点，至此找到了问题的当前最优解 (1,0,0) 和最优值 16。该步骤的解空间树搜索过程如图 5.5 所示。

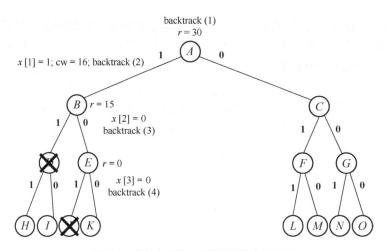

图 5.4　装载问题的解空间树搜索过程 3

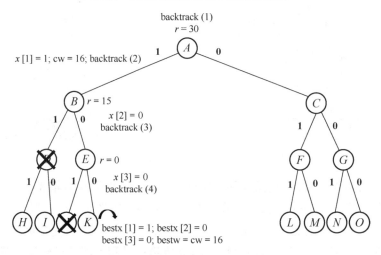

图 5.5　装载问题的解空间树搜索过程 4

backtrack(4)执行完毕，返回 backtrack(3)，执行 $r+w[3]=15$；backtrack(3)执行完毕，返回 backtrack(2)，执行 $r+w[2]=30$；backtrack(2)执行完毕，返回 backtrack(1)，执行 $cw-w[1]=0$。接下来检测结点 A 的右子结点是否满足限界条件。 $cw=0, r=30$，$cw+r>bestw$，有可能产生最优解，结点 C 成为活结点并成为当前的可扩展结点，递归函数 backtrack(2)开始向结点 C 的下一层进行搜索。该步骤的解空间树搜索过程如图 5.6 所示。

结点 C 是活结点并且是当前的可扩展结点。注意，此时除集装箱 1 和集装箱 2 外，岸上等待装上轮船的集装箱只有集装箱 3，故 $r=15$。按照回溯法的搜索策略，在当前的可扩展结点 C 处，搜索向纵深方向移到一个新结点。结点 C 有 2 个子结点，即 F 和 G。首先检测左子

树结点 F 是否满足约束条件。因为 $cw + w[2] \leqslant C_1$，结点 F 满足约束条件，可以将集装箱 2 放上轮船，$x[2] = 1, cw = 15$。结点 F 成为活结点并成为当前的可扩展结点，递归函数 backtrack(3) 开始向结点 F 的下一层进行搜索。该步骤的解空间树搜索过程如图 5.7 所示。

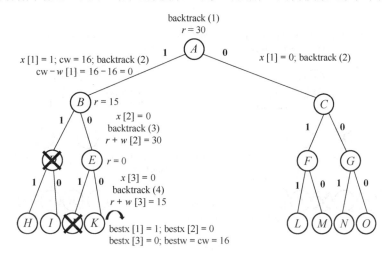

图 5.6　装载问题的解空间树搜索过程 5

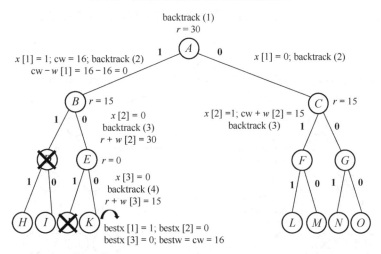

图 5.7　装载问题的解空间树搜索过程 6

结点 F 是活结点并且是当前的可扩展结点。注意，此时除集装箱 3 外，岸上已无等待装上轮船的集装箱，故 $r = 0$。按照回溯法的搜索策略，在当前的可扩展结点 F 处，搜索向纵深方向移到一个新结点。结点 F 有 2 个子结点，即 L 和 M。首先检测左子结点 L 是否满足约束条件。因为 $cw + w[3] \leqslant C_1$，结点 L 满足约束条件，可以将集装箱 3 放上轮船，

$x[3]=1, \text{cw}=30$。结点 L 成为活结点并成为当前的可扩展结点，递归函数 backtrack(4)开始向结点 F 的下一层进行搜索。该步骤的解空间树搜索过程如图 5.8 所示。

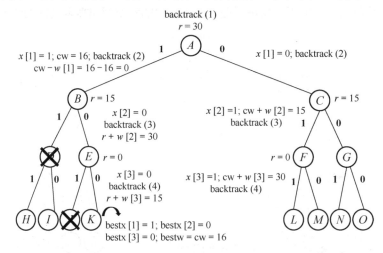

图 5.8　装载问题的解空间树搜索过程 7

　　结点 L 是活结点并且是当前的可扩展结点。注意到结点 L 为叶结点，至此找到了问题的当前最优解 $(0,1,1)$ 和最优值 30。该步骤的解空间树搜索过程如图 5.9 所示。

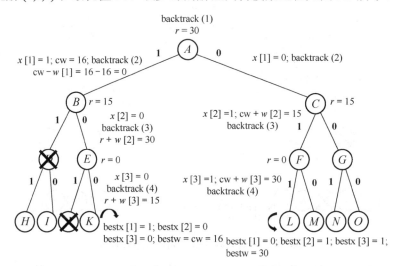

图 5.9　装载问题的解空间树搜索过程 8

　　backtrack(4)执行完毕，返回 backtrack(3)，执行 $\text{cw}-w[3]=15$。接下来检测结点 F 的右子结点是否满足限界条件。$\text{cw}=15, r=0, \text{cw}+r<\text{bestw}$，没有可能产生最优解，结点 M 成为死结点，搜索往回移动，执行 $r+w[3]=15$，回到结点 F。结点 F 已经没有可扩展的

分支，也成为死结点，搜索往回移动，执行 $cw - w[2] = 0$ ，回到结点 C。该步骤的解空间树搜索过程如图 5.10 所示。

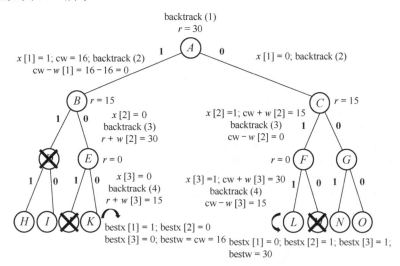

图 5.10 装载问题的解空间树搜索过程 9

接下来检测结点 G 的右子树是否满足限界条件。 $cw = 0, r = 15, cw + r < bestw$ ，没有可能产生最优解，结点 G 成为死结点，搜索往回移动，执行 $r + w[2] = 30$ ，回到结点 C。结点 C 已经没有可扩展的分支，也成为死结点，搜索往回移动， $r + w[1] = 30 + 16 = 46$ ，回到结点 A，算法终止。该步骤的解空间树搜索过程如图 5.11 所示。

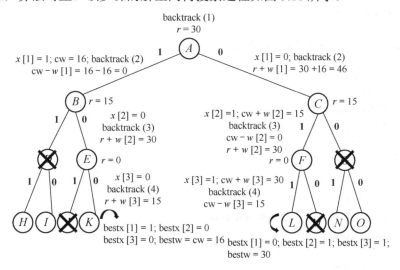

图 5.11 装载问题的解空间树搜索过程 10

4. 回溯法解装载问题算法的实现

算法的实现代码如下[1]：

```
class Loading
{
 //类数据成员
 static int n;              //集装箱数
 static int[] w;            //集装箱重量数组
 static int c;              //第一艘轮船的载重量
 static int cw;             //当前载重量
 static int bestw;          //当前最优载重量
 static int r;              //剩余集装箱重量
 static int [] x;           //当前解
 static int [] bestx;       //当前最优解
 public static int maxLoading(int[] ww,int cc,int []xx)
 {
   //初始化类数据成员
   w=ww;
   c=cc;              //第一艘轮船的载重量
   cw=0;              //当前载重量
   bestw=0;           //当前最优载重量
   x=new int[n+1];
   bestx=xx;
   for(int i=1;i<=n;i++)
    r+=w[i];          //初始化 r
   backtrack(1);      //计算最优载重量
   return bestw;
 }
 public static void backtrack(int i)
 {
   //搜索第 i 层结点
   if(i>n)
 {//到达叶结点
   for(int j=1;j<=n;j++)
   bestx[j]=x[j];
   bestw=cw;
   return;
   }
   //搜索子树
   r-=w[i];           //剩余集装箱重量
   if(cw+w[i]<=c)
 {
   //搜索左子树
   x[i]=1;
```

```
        cw+=w[i];
        backtrack(i+1);
        cw-=w[i];
      }
    if(cw+r>bestw)
    {
      x[i]=0;//搜索右子树
      backtrack(i+1);
    }
    r+=w[i];
    }
  }
```

5. 装载问题算法时间复杂性分析

回溯法解装载问题算法的时间复杂性为 $O(n2^n)$。

5.3 批处理作业调度

设有 n 个作业 $\{J_1, J_2, \cdots, J_n\}$ 需要处理，每个作业 J_i（$1 \leq i \leq n$）都由两项任务组成。两项任务需要分别在 2 台机器即机器 1 和机器 2 上处理。要求每个作业 J_i 的第一项任务在机器 1 上处理，第二项任务在机器 2 上处理，并且第一项任务必须在机器 1 上处理完后，第二项任务才能在机器 2 上开始处理。规定每个作业 J_i 用 $f_{1,i}$ 记录其在机器 1 上的处理时间（该时间是从机器 1 启动到该作业完成的时间），每个作业 J_i 用 $f_{2,i}$ 记录其在机器 2 上的处理时间（该时间是从机器 2 启动到该作业完成的时间）。不同的作业调度方案处理完所有作业所需的时间显然不同。批处理作业调度要求制定最佳作业调度方案，使其完成时间和达到最小：

$$F = \min \sum_{i=1}^{n} f_{2,i}$$

例如，有三个作业 $\{J_1, J_2, J_3\}$ 需要处理，作业 J_i 在机器 1 和机器 2 上的处理时间如表 5.1 所示。三个作业的调度方案对应三个作业的全排列。找出最优调度方案。

表 5.1　作业 J_i 在机器 1 和机器 2 上的处理时间

	机器 1	机器 2
作业 1	2	1
作业 2	3	1
作业 3	2	3

我们注意到，批处理作业调度完成的时间和是指所有作业的第二项任务的完成时间和。这个值要如何求取呢？下面举例说明。

假设有一调度方案 $x = [3,1,2]$，如表 5.2 所示，求该作业调度方案的完成时间和。

表 5.2　调度方案 $x = [3,1,2]$ 在机器 1 和机器 2 上的处理时间

	机器 1	机器 2
作业 3	2	3
作业 1	2	1
作业 2	3	1

该作业调度方案在机器 1 和机器 2 的处理过程如图 5.12 所示。

图 5.12　作业调度方案在机器 1 和机器 2 的处理过程

第一个作业 x_1（$i=1$，作业 3）有两项任务需要分别在 2 台机器上完成。作业 3 的第一个任务必须先由机器 1 处理，处理完毕后，作业 3 的第二个任务由机器 2 处理。作业 3 的第一个任务由机器 1 处理的时间是 2min，所以作业 3 的第二个任务在机器 2 上需要先等待 2min 才能启动，因此产生 2min 空闲。作业 3 的第一个任务由机器 1 处理完后，作业 3 的第二个任务在机器 2 上开始处理，处理时间是 3min。所以，第一个作业 x_1（作业 3）处理完成的时间是 $f_{2,1} = 2+3 = 5$ min。

第二个作业 x_2（$i=2$，作业 1）有两项任务需要分别在 2 台机器上完成。作业 1 的第一项任务由机器 1 处理很容易安排，只要其前一个作业在机器 1 上完成，即可开始处理。其在机器 1 上的处理时间为 $f_{1,2} = 2+2 = 4$。接下来，作业 1 的第二项任务要在机器 2 上开始处理。因为 $f_{1,2} = 2+2 = 4$，$f_{2,1} = 2+3 = 5$，所以作业 1 的第二项任务要等排在其前面的作业 3 的第二项任务在机器 2 上处理完成后，才能开始在机器 2 上启动，等待的时间取 $\max(f_{1,2}, f_{2,1}) = 5$ min。等待 5min 后，作业 1 的第二项任务开始在机器 2 上启动并处理，用时 1min。所以，第二个作业 x_2（作业 1）处理完成的时间是 $f_{2,2} = 5+1 = 6$ min。

第三个作业 x_3（$i=3$，作业 2）有两项任务需要分别在 2 台机器上完成。作业 2 的第一项任务由机器 1 处理很容易安排，只要其前一个作业在机器 1 完成，即可开始处理。其在机器 1 上的处理时间为 $f_{1,3} = 4+3 = 7$。接下来，作业 2 的第二项任务要在机器 2 上开始处理。因为 $f_{1,3} = 7$，$f_{2,2} = 2+3+1 = 6$，所以作业 2 的第二项任务要等其第一项任务在机器 1 上完成后才能在机器 2 上启动，等待的时间取 $\max(f_{1,3}, f_{2,2}) = 7$ min。等待 7min 后，作业 2 的第二项任务开始在机器 2 上启动并处理，用时 1min。所以，第 3 个作业 x_3（$i=3$，作业 2）处理完成的时间是 $f_{2,3} = 7+1 = 8$ min。

三个作业完成处理的总时间为 $F = f_{2,1} + f_{2,2} + f_{2,3} = 5 + 6 + 8 = 19\,\text{min}$，但这并不是这个问题的最优解。下面采用回溯法求解此批处理作业调度问题。

1．定义批处理作业调度问题的解空间

批处理作业调度问题的解空间对应 n 个作业的全排列。上述问题三个作业的调度方案对应三个作业的全排列。三个作业的全排列有 6 种，即 1, 2, 3、1, 3, 2、2, 1, 3、2, 3, 1、3, 2, 1、3, 1, 2。我们需要确定一种作业顺序，使得从第一个作业在机器 1 上开始处理到最后一个作业在机器 2 上完成所需处理的时间最短。

2．建立批处理作业调度问题的解空间结构

批处理作业调度问题的解空间结构可表示为一棵排列树。这棵解空间树有 $n!$ 个叶结点，解空间树从树的根结点到叶结点的路径定义了批处理作业调度问题的一个调度方案。

3．采用回溯法以深度优先的策略搜索解空间树

在批处理作业调度解空间树递归搜索的过程中，当 $i > n$ 时，表示搜索抵达一个叶结点，得到一个新的作业调度方案，该方案由解空间树从树的根结点到叶结点的路径定义。

如果 $i \leqslant n$，那么当前的可扩展结点是解空间树中的一个内部结点。此时，算法选择下一个要安排的作业，以深度优先的方式递归地对相应子树进行搜索。对于每个内部结点，在进入子树之前，需要用限界函数检查其是否满足限界条件。若满足限界条件，则有可能产生新的作业调度方案，子结点为可行结点，搜索向其下一层进行；若不满足限界条件，则剪去以其为根结点的子树，搜索往回移动，移至离其最近的活结点处，然后以相同的策略在解空间树中递归地进行搜索。

最初，根结点 A 是活结点并且是当前的可扩展结点。设置该问题的一个最优值 bestf（该值被初始化为 9999）。$j = 1$ 时，$x_1 = 1, f = 3, f < \text{bestf}$，满足约束条件，结点 B 为可达结点，结点 B 成为活结点，并成为当前的可扩展结点，搜索向其下一层进行。$i = 2, j = 2$ 时，$x_2 = 2, f = 9, f < \text{bestf}$，满足约束条件，结点 C 为可达结点，结点 C 成为活结点，并成为当前的可扩展结点，搜索向其下一层进行。$i = 3, j = 3$ 时，$x_3 = 3, f = 19, f < \text{bestf}$，满足约束条件，结点 E 为可达结点，结点 E 成为活结点，并成为当前的可扩展结点。然而，结点 E 是叶结点，搜索得到了一个批处理作业调度方案 (1, 2, 3)，最优值为 19。结点 E 成为死结点，搜索往回移动，回到结点 C。结点 C 没有可扩展结点，也成为死结点，搜索往回移动，回到结点 B。对于结点 B，$i = 2, j = 3$ 时，$x_2 = 3, f = 10, f < \text{bestf}$，满足约束条件，结点 D 为可达结点，结点 D 成为活结点，并成为当前的可扩展结点，搜索向其下一层进行。$i = 3, j = 3$ 时，$x_3 = 2, f = 18, f < \text{bestf}$，满足约束条件，结点 F 为可达结点，结点 F 成为活结点，并成为当前的可扩展结点。但是，结点 F 是叶结点，搜索得到了一个更优的批处理作业调度方案 (1, 3, 2)，最优值为 18。该步骤的解空间树搜索过程如图 5.13 所示。

接下来，算法再以相同的策略在解空间树中递归地进行搜索。直到解空间树搜索完毕，得到该问题最优调度方案(1, 3, 2)，最优值为18。

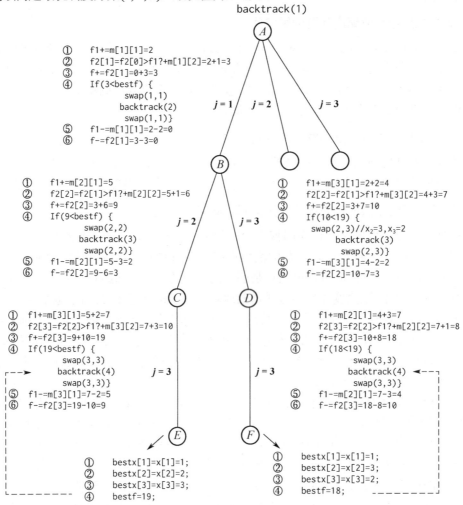

图 5.13　批处理作业调度问题的解空间树搜索过程

4. 回溯法解批处理作业调度问题算法的实现

算法的实现代码如下[1]：

```
class FlowShop
{ static int n,          //作业数
    f1,      //  机器 1 完成处理时间
    f,       //  完成时间和
    bestf;   //  当前最优值
```

```
static int [][]m;     //  各作业所需的处理时间
static int []x;        //  当前作业调度
static int []bestx;   //  当前最优作业调度
static int []f2; //  机器2完成处理时间
public static void backtrack(int i)
{if(i>n)
  { for(int j=1;j<=n;j++)
    bestx[j]=x[j];
    bestf=f;
  }
  else
   for(int j=i;j<=n;j++)
  { f1+=m[x[j]][1];
    f2[i]=((f2[i-1]>f1)? f2[i-1]:f1)+m[x[j]][2];
    f+=f2[i];
    if(f<bestf)
    { swap(i,j);
     backtrack(i+1);
     swap(i,j);
     }
    f1-=m[x[j]][1];
    f-=f2[i];}
  }
```

5. 批处理作业调度问题算法时间复杂性分析

批处理作业调度问题的回溯算法的总时间耗费是 $O(nn!)$ 。

5.4 n 皇后问题

在 $n \times n$ 格的棋盘上放置 n 个皇后，要求 n 个皇后彼此不受攻击。按照国际象棋的规则，如果 n 个皇后在同一行或同一列或同一斜线上，那么会相互攻击。如图 5.14(a)所示，皇后 Q_1 与皇后 Q_2 会相互攻击，皇后 Q_1 与皇后 Q_3 会相互攻击，皇后 Q_1 与皇后 Q_4 会相互攻击。n 皇后问题等价于在 $n \times n$ 格的棋盘上放置 n 个皇后，任何 2 个皇后不放在同一行或同一列或同一斜线上，如图 5.14(b)所示。

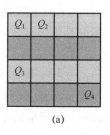
(a)

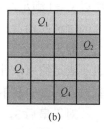
(b)

图 5.14 n 皇后问题

用 x_i（$1 \leqslant i \leqslant n$）表示皇后 i 放在棋盘的第 i 行的第 x_i 列，x_j（$1 \leqslant j \leqslant n$）表示皇后 j 放在棋盘的第 j 行的第 x_j 列。由于 2 个皇后不能放在同一行（即要求 $i \neq j$）、不能放在同一列（即要求 $x_i \neq x_j$）、不能放同斜线（即要求 $|i - j| \neq |x_i - x_j|$），因此 n 皇后彼此不受攻击的条件为 $i \neq j$ 且 $x_i \neq x_j$ 且 $|i - j| \neq |x_i - x_j|$。下面采用回溯法解决此问题。

1. 定义 n 皇后问题的解空间

n 皇后问题的解可以表示为一个 n 元组 $\{x_1, x_2, \cdots, x_n\}$。$x_i$ 表示皇后 i 放在棋盘的第 i 行的第 x_i 列。

2. 建立 n 皇后问题的解空间结构

定义题的解空间后，还应将解空间组织起来以方便使用回溯法进行搜索。n 皇后问题的回溯法解空间结构为一棵完全 n 叉树。这棵解空间树从树的根结点到叶结点的路径定义了一个 n 皇后彼此不受攻击的方案。

3. 采用回溯法以深度优先的策略搜索解空间树

以 4 皇后问题为例，采用回溯法从根结点 A 开始以深度优先的方式搜索解空间树。4 皇后问题的解空间结构可表示为一棵完全 4 叉树。解空间树的每层中的每个结点都有 4 个子结点，每个子结点对应于 x_i 的 4 个可能的值，该值表示第 i 个皇后位于第 x_i 列。在递归搜索的过程中，当 $i > n$ 时，表示搜索抵达一个叶结点，得到一个 4 皇后互不攻击方案，该方案由解空间树从树的根结点到叶结点的路径定义。

如果 $i \leqslant n$，那么当前的可扩展结点是解空间树中的一个内部结点。对于每个内部结点，都要用约束函数检查其是否满足约束条件。约束条件设置为满足 n 皇后彼此不受攻击，即两个皇后既不在同一行、同一列，又不同斜线。若满足约束条件，则该子结点为可行结点，搜索向其下一层进行；若不满足约束条件，则剪去以其为根结点的子树，搜索往回移动，移至离其最近的活结点处，然后以相同的策略在解空间树中递归地进行搜索。

最初，根结点 A 是活结点并且是当前的可扩展结点，因为棋盘中没有放入任何皇后，所以 $x_1 = 1$ 满足约束条件，皇后 1 可以放在第 1 行第 1 列，结点 B 成为活结点，并成为当前的可扩展结点，搜索向其下一层进行。该步骤的解空间树搜索过程如图 5.15 所示。

对于皇后 2，当 $x_2 = 1$ 时与皇后 1 同列，不满足约束条件；当 $x_2 = 2$ 时与皇后 1 同斜线，也不满足约束条件；当 $x_2 = 3$ 时满足约束条件，结点 C 成为活结点，并成为当前的可扩展结点，搜索向其下一层进行。该步骤的解空间树搜索过程如图 5.16 所示。

对于皇后 3，当 $x_3 = 1$ 时与皇后 1 同列，不满足约束条件；当 $x_3 = 2$ 时与皇后 2 同斜线，不满足约束条件；当 $x_3 = 3$ 时与皇后 2 同列，不满足约束条件；当 $x_3 = 4$ 时与皇后 2 同斜线，也不满足约束条件。因此，结点 C 成为死结点，搜索往回移动，回到结点 B。该步骤的解空间树搜索过程如图 5.17 所示。

对于皇后 2，当 $x_2 = 4$ 时满足约束条件，结点 D 成为活结点，并成为当前的可扩展结点，搜索向其下一层进行。对于皇后 3，当 $x_3 = 1$ 时与皇后 1 同列，不满足约束条件；当 $x_3 = 2$ 时满足约束条件，结点 E 成为活结点，并成为当前的可扩展结点，搜索向其下一层进行。该步骤的解空间树搜索过程如图 5.18 所示。

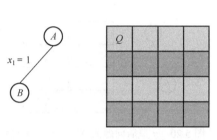

图 5.15　n 皇后问题的解空间树搜索过程 1

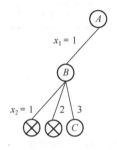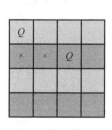

图 5.16　n 皇后问题的解空间树搜索过程 2

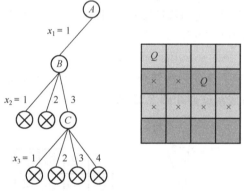

图 5.17　n 皇后问题的解空间树搜索过程 3

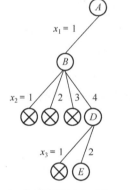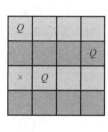

图 5.18　n 皇后问题的解空间树搜索过程 4

对于皇后 4，当 $x_4 = 1$ 时与皇后 1 同列，不满足约束条件；当 $x_4 = 2$ 时与皇后 3 同列，不满足约束条件；当 $x_4 = 3$ 时与皇后 3 同斜线，不满足约束条件；当 $x_4 = 4$ 时与皇后 2 同列，也不满足约束条件。因此，结点 E 成为死结点，搜索往回移动，回到结点 D。对于皇后 3，当 $x_3 = 3$ 时与皇后 2 同斜线，不满足约束条件；当 $x_3 = 4$ 时与皇后 2 同列，也不满足约束条件。因此，结点 D 成为死结点，搜索往回移动，回到结点 B。结点 B 已经已无可扩展结点，也成为死结点，搜索往回移动，回到结点 A。将皇后 1 放到第 1 列，该 4 皇后问题无解。该步骤的解空间树搜索过程如图 5.19 所示。

接下来，A 又成为活结点并且是当前的可扩展结点，将皇后 1 放在第 1 行第 2 列，$x_1 = 2$，结点 B 成为活结点，并成为当前的可扩展结点，搜索向其下一层进行。该步骤的解空间树搜索过程如图 5.20 所示。

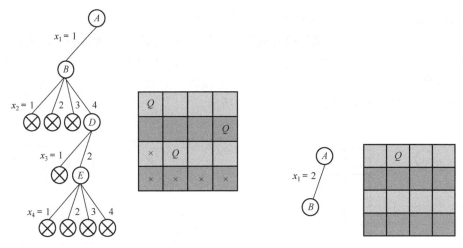

图 5.19　n 皇后问题的解空间树搜索过程 5　　　　图 5.20　n 皇后问题的解空间树搜索过程 6

对于皇后 2，当 $x_2 = 1$ 时与皇后 1 同斜线，不满足约束条件；当 $x_2 = 2$ 时与皇后 1 同列，不满足约束条件；当 $x_2 = 3$ 时与皇后 1 同斜线，也不满足约束条件；当 $x_2 = 4$ 时满足约束条件，结点 C 成为活结点，并成为当前的可扩展结点，搜索向其下一层进行。该步骤的解空间树搜索过程如图 5.21 所示。

对于皇后 3，当 $x_3 = 1$ 时满足约束条件，结点 D 成为活结点，并成为当前的可扩展结点，搜索向其下一层进行。该步骤的解空间树搜索过程如图 5.22 所示。

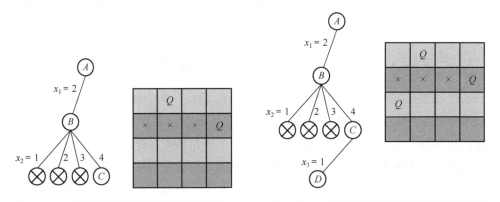

图 5.21　n 皇后问题的解空间树搜索过程 7　　　　图 5.22　n 皇后问题的解空间树搜索过程 8

对于皇后 4，当 $x_4 = 1$ 时与皇后 3 同列，不满足约束条件；当 $x_4 = 2$ 时与皇后 1 同列，不满足约束条件；当 $x_4 = 3$ 时满足约束条件，结点 E 成为活结点，并成为当前的可扩展结点。但是，结点 E 是叶结点，搜索得到一个 4 皇后彼此不受攻击的方案(2, 4, 1, 3)。该步骤的解空间树搜索过程如图 5.23 所示。

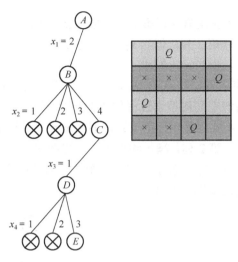

图 5.23 *n* 皇后问题的解空间树搜索过程 9

接下来，搜索往回移动，结点 *D* 又成为活结点并且是当前的可扩展结点，将皇后 4 放在第 4 行第 4 列。对于皇后 4，当 $x_4 = 4$ 时与皇后 2 同列，不满足约束条件，搜索往回移动。结点 *D* 已无可扩展结点，成为死结点。搜索往回移动，结点 *C* 又成为活结点并且是当前的可扩展结点。将皇后 3 放在第 3 行第 2 列，但当 $x_3 = 2$ 时与皇后 1 同列，不满足约束条件；将皇后 3 放在第 3 行第 3 列，但当 $x_3 = 3$ 时与皇后 2 同斜线，不满足约束条件；将皇后 3 放在第 3 行第 4 列，但当 $x_3 = 4$ 时与皇后 2 同列，不满足约束条件，此时结点 *C* 已无可扩展结点，成为死结点。搜索往回移动，结点 *B* 又成为活结点并且是当前的可扩展结点，但此时结点 *B* 也已无可扩展结点，成为死结点。

搜索往回移动，结点 *A* 又成为活结点并且是当前的可扩展结点。将皇后 1 放在第 1 行第 3 列，$x_1 = 3$，结点 *B* 成为活结点，并成为当前的可扩展结点，搜索向其下一层进行。该步骤的解空间树搜索过程如图 5.24 所示。

对于皇后 2，当 $x_2 = 1$ 时满足约束条件，结点 *C* 成为活结点，并成为当前可扩展结点，搜索向其下一层进行。该步骤解空间树搜索过程如图 5.25 所示。

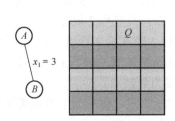

图 5.24 *n* 皇后问题的解空间树搜索过程 10

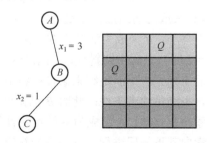

图 5.25 *n* 皇后问题的解空间树搜索过程 11

对于皇后 3，将皇后 3 放在第 3 行第 1 列，但当 $x_3 = 1$ 时与皇后 2 同列，不满足约束条件；将皇后 3 放在第 3 行第 2 列，但当 $x_3 = 2$ 时与皇后 2 同斜线，不满足约束条件；将皇后 3 放在第 3 行第 3 列，但当 $x_3 = 3$ 时与皇后 1 同列，不满足约束条件；将皇后 3 放在第 3 行第 4 列，满足约束条件，结点 D 成为活结点，并成为当前的可扩展结点，搜索向其下一层进行。该步骤的解空间树搜索过程如图 5.26 所示。

对于皇后 4，将皇后 4 放在第 4 行第 1 列，但当 $x_4 = 1$ 时与皇后 2 同列，不满足约束条件；将皇后 4 放在第 4 行第 2 列，满足约束条件。结点 E 成为活结点，并成为当前的可扩展结点。但是，结点 E 是叶结点，搜索又得到一个 4 皇后彼此不受攻击的方案(3, 1, 4, 2)。该步骤的解空间树搜索过程如图 5.27 所示。

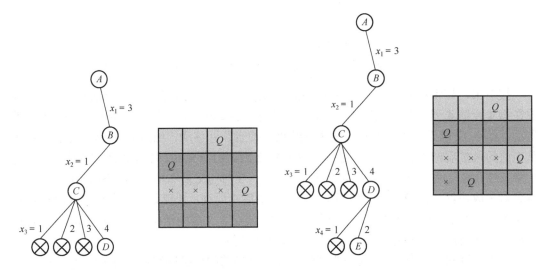

图 5.26　n 皇后问题的解空间树搜索过程 12　　图 5.27　n 皇后问题的解空间树搜索过程 13

接下来，搜索往回移动，D 又成为活结点并且是当前的可扩展结点，将皇后 4 放在第 4 行第 3 列，但当 $x_4 = 3$ 时与皇后 1 同列，不满足约束条件；将皇后 4 放在第 4 行第 4 列，但当 $x_4 = 4$ 时与皇后 3 同列，不满足约束条件；D 已无可扩展结点，成为死结点。搜索往回移动，C 又成为活结点并且是当前的可扩展结点，但 C 也已无可扩展结点，成为死结点。搜索往回移动，B 又成为活结点并且是当前的可扩展结点。将皇后 2 放在第 2 行第 2 列，但当 $x_2 = 2$ 时与皇后 1 同斜线，不满足约束条件；将皇后 2 放在第 2 行第 3 列，但当 $x_2 = 3$ 时与皇后 1 同列，不满足约束条件；将皇后 2 放在第 2 行第 4 列，但当 $x_2 = 4$ 时与皇后 1 同斜线，不满足约束条件；此时 B 已无可扩展结点，成为死结点。

搜索往回移动，A 又成为活结点并且是当前的可扩展结点，将皇后 1 放在第 1 行第 4 列，搜索向其下一层进行。该步骤的解空间树搜索过程如图 5.28 所示。

对于皇后 2，将皇后 2 放在第 2 行第 1 列，满足约束条件，结点 C 成为活结点，并成为当前的可扩展结点，搜索向其下一层进行。该步骤的解空间树搜索过程如图 5.29 所示。

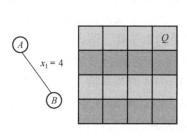 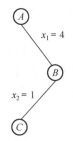 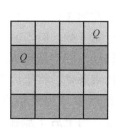

图 5.28　n 皇后问题的解空间树搜索过程 14　　图 5.29　n 皇后问题的解空间树搜索过程 15

对于皇后 3，将皇后 3 放在第 3 行第 1 列，但当 $x_3 = 1$ 时与皇后 2 同列，不满足约束条件；将皇后 3 放在第 3 行第 2 列，但当 $x_3 = 2$ 时与皇后 2 同斜线，不满足约束条件；将皇后 3 放在第 3 行第 3 列，满足约束条件，结点 D 成为活结点，并成为当前的可扩展结点，搜索向其下一层进行。该步骤的解空间树搜索过程如图 5.30 所示。

对于皇后 4，将皇后 4 放在第 4 行第 1 列，但当 $x_4 = 1$ 时与皇后 2 同列，不满足约束条件；将皇后 4 放在第 4 行第 2 列，但当 $x_4 = 2$ 时与皇后 3 同斜线，不满足约束条件；将皇后 4 放在第 4 行第 3 列，但当 $x_4 = 3$ 时与皇后 3 同列，不满足约束条件；将皇后 4 放在第 4 行第 4 列，但当 $x_4 = 4$ 时与皇后 1 同列，也不满足约束条件。因此，结点 D 成为死结点，搜索往回移动，回到结点 C。对于皇后 3，将皇后 3 放在第 3 行第 4 列，但当 $x_3 = 4$ 时与皇后 1 同列，不满足约束条件，结点 C 成为死结点，搜索往回移动，回到结点 B。该步骤的解空间树搜索过程如图 5.31 所示。

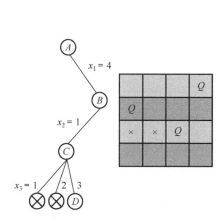 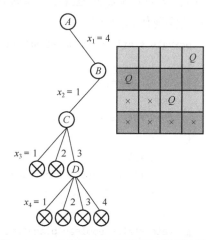

图 5.30　n 皇后问题的解空间树搜索过程 16　　图 5.31　n 皇后问题的解空间树搜索过程 17

将皇后 2 放在第 2 行第 2 列，结点 C 成为活结点，并成为当前的可扩展结点，搜索向其下一层进行。将皇后 3 放在第 3 行第 1 列，但当 $x_3 = 1$ 时与皇后 2 同斜线，不满足约束条件；将皇后 3 放在第 3 行第 2 列，但当 $x_3 = 2$ 时与皇后 2 同列，不满足约束条件；将皇后 3 放在第 3 行第 3 列，但当 $x_3 = 3$ 时与皇后 2 同斜线，不满足约束条件；将皇后 3 放在第 3 行第 4 列，但当 $x_3 = 4$ 时与皇后 1 同列，不满足约束条件。结点 C 成为死结点，搜索往回移动，回到结点 B。将皇后 2 放在第 2 行第 3 列，但当 $x_2 = 3$ 时与皇后 1 同斜线，不满足约束条件；将皇后 2 放在第 2 行第 4 列，但当 $x_2 = 4$ 时与皇后 1 同列，不满足约束条件。结点 B 成为死结点，搜索往回移动，回到结点 A。结点 A 也已无可扩展结点，搜索终止。当皇后 1 放在第 1 行第 4 列时，无解。该步骤的解空间树搜索过程如图 5.32 所示。

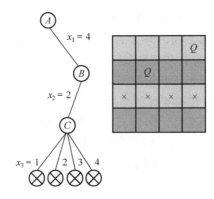

图 5.32　n 皇后问题的解空间树搜索过程 18

4．回溯法解 n 皇后问题算法的实现代码

算法的实现代码如下[1]：

```
private static void backtrack (int t)
{
if (t>n) sum++;
  else
   for (int i=1;i<=n;i++)
{
      x[t]=i;
      if (place(t)) backtrack(t+1);
   }
}
private static boolean place(int k)
  {
```

```
for (int j=1;j<k;j++)
    if ((x[j]==x[k]) || (Math.abs(k-j)==Math.abs(x[j]-x[k]))) return false;
    return true;
}
```

5. 回溯法解 n 皇后问题算法的时间复杂性分析

回溯法解 n 皇后问题算法的时间复杂性为 $O(nn^n)$。

5.5 最大团问题

给定一个无向图 $G=(V,E)$，如图 5.33 所示。顶点集合 $V=\{1,2,3,4,5\}$，边集 $E=\{(1,2),(2,3),(1,4),(1,5),(2,5),(3,5),(4,5)\}$。最大团问题的提出是，选择顶点集合 V 的一个子集，这个子集中任意两个顶点之间的边都属于边集 E，且这个子集包含的顶点的个数是顶点集合 V 所有同类子集中包含顶点个数最多的。

求解最大团问题时，需要明确以下几个重要的概念。

（1）完全子图

如果 $U\subseteq V$，且对任意 $u,v\subseteq U$，有 $(u,v)\subseteq E$，则称 U 是 G 的完全子图。图 5.34(a) 至图 5.34(d)均是图 G 的完全子图，因为图 5.34(a)至图 5.34(d)中任意两个顶点之间的连线均属于边集 E。

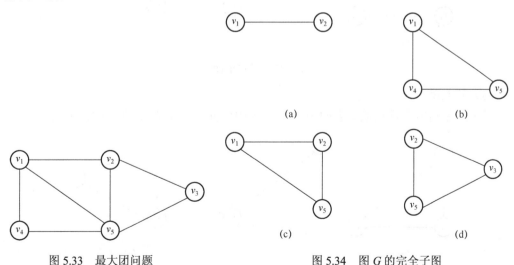

图 5.33 最大团问题　　　　　　　　图 5.34 图 G 的完全子图

然而，在图 5.35(a)和图 5.35(b)均不是图 G 的完全子图，因为图 5.34(a)中边(2, 4)不属

于边集 E，图 5.34 (b)中边(1, 3)也不属于边集 E。

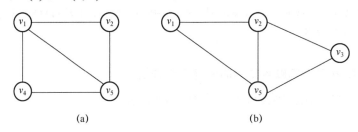

(a)   (b)

图 5.35   图 G 的非完全子图

（2）团

图 G 的完全子图 U 是图 G 的团，当且仅当图 U 不包含在图 G 的更大的完全子图中。图 5.36 不是图 G 的团，因为其被包含在比它更大的完全子图中。

图 5.36   非图 G 的团

图 5.37 中图(a)至图(c)都是图 G 的团。

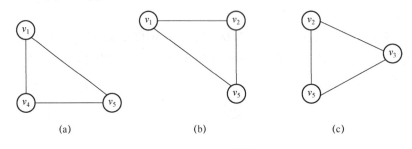

(a)   (b)   (c)

图 5.37   图 G 的团

（3）最大团

最大团是指所含顶点数最多的团。图 5.38 中图(a)至图(c)都是图 G 的最大团。

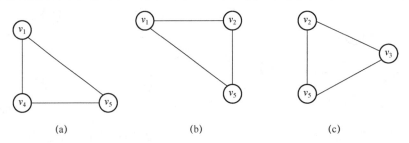

(a)   (b)   (c)

图 5.38   图 G 的最大团

下面采用回溯法求解最大团问题,步骤如下。

1. 定义最大团问题的解空间

最大团问题的解可以表示为一个 n 元组 $\{x_1, x_2, \cdots, x_n\}$,$x_i(1 \leq i \leq n)$ 的取值为 1 或 0,表示顶点 i 属于或不属于最大团。

2. 建立最大团问题的解空间结构

最大团问题的解空间结构可表示为一棵完全二叉树。解空间树中的每个结点都有左右两个分支,左分支用 1 标识,表示第 i 个顶点属于最大团;右分支用 0 标识,表示第 i 个顶点不属于最大团。这棵解空间树有 2^n 个叶结点,解空间树从树的根结点到叶结点的路径定义了最大团问题的一个解。

3. 采用回溯法以深度优先的策略搜索解空间树

首先,用一个 5×5 的邻接矩阵来存储图的信息。对任意 $i, j \in V$,若有 $(i, j) \in E$,则 $a[i][j] = 1$,否则 $a[i][j] = 0$。图 G 的邻接矩阵如图 5.39 所示。

	1	2	3	4	5
1	0	1	∞	1	1
2	1	0	1	∞	1
3	∞	1	0	∞	1
4	1	∞	∞	0	1
5	1	1	1	1	0

图 5.39 图 G 的邻接矩阵

回溯法从根结点开始以深度优先的方式搜索解空间树。最大团问题的解空间结构可表示为一棵完全二叉树。解空间树的每层中的每个结点都有 2 个子结点,每个子结点对应于 x_i 的 2 个可能的值,x_i 等于 1,表示第 i 个顶点属于最大团;x_i 等于 0,表示第 i 个顶点不属于最大团。在递归搜索的过程中,当 $i > n$ 时,表示搜索抵达一个叶结点,得到一个最大团方案,该方案由解空间树从树的根结点到叶结点的路径定义。

如果 $i \leqslant n$,那么当前的可扩展结点是解空间树中的一个内部结点。对于每个内部结点,在进入左子树前,需要用约束函数检查其是否满足约束条件。约束条件设置为从顶点 i 到已选入最大团的顶点集中的每个顶点都有边相连。若满足约束条件,则子结点为可行结点,搜索向其下一层进行;若不满足约束条件,则子结点为不可行结点,剪去以其为根结点的子树,搜索往回移动,移至离其最近的活结点处。在进入右子树前,需要要用限界函数确认是否还有足够多的可选择顶点使得算法有可能在右子树中找到更大的团。若满足限界条件,则有可能产生更优解,子结点为可行结点,搜索向其下一层进行;若不满足限界条件，则子结点为不可行结点，剪去以其为根结点的子树，搜索往回移动，移至离其最近的活结点处，然后以相同的策略在解空间树中递归地进行搜索。

最初，根结点 A 是活结点并且是当前的可扩展结点，同时设置该问题的一个最优值 bestn（该值被初始化为0）。因为没有放顶点入团，所以 $x_1 = 1$ 满足约束条件，把顶点 1 加入最大团，结点 B 成为活结点，并成为当前的可扩展结点，搜索向其下一层进行。对于顶点 2，顶点 2 到顶点 1 有边相连，满足约束条件，结点 C 为可达结点，$x_2 = 1$，把顶点 2 加入最大团。结点 C 成为活结点，并成为当前的可扩展结点，搜索向其下一层进行。对于顶点 3，顶点 3 到顶点 1 没有边相连，不满足约束条件，左子结点为不可达结点；在进入结点 C 的右子树之前，执行限界函数，可选择顶点数为 4 个，大于 bestn，有可能在右子树中找到更大的团，$x_3 = 0$，结点 D 为可达结点，不将顶点 3 加入最大团。结点 D 成为活结点，并成为当前的可扩展结点，搜索向其下一层进行。该步骤的解空间树搜索过程如图 5.40 所示。

对于顶点 4，顶点 4 到顶点 2 没有边相连，不满足约束条件，左子结点为不可达结点；在进入结点 D 的右子树之前，执行限界函数，可选择顶点数为 3 个，大于 bestn，有可能在右子树中找到更大的团，$x_4 = 0$，结点 E 为可达结点，不将顶点 4 加入最大团。该步骤的解空间树搜索过程如图 5.41 所示。

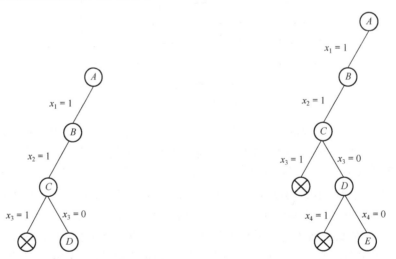

图 5.40　最大团问题的解空间树搜索过程 1　　图 5.41　最大团问题的解空间树搜索过程 2

对于顶点 5，顶点 5 到顶点 1 有边相连，顶点 5 到顶点 2 也有边相连，满足约束条件，结点 F 为可达结点，$x_5 = 1$，将顶点 5 加入最大团。结点 F 成为活结点，并成为当前的可扩展结点。但是，结点 F 是叶结点，搜索得到一个最大团方案(1, 1, 0, 0, 1)。该步骤的解空间树搜索过程如图 5.42 所示。

搜索往回移动，E 又成为活结点，在进入结点 E 的右子树之前，执行限界函数，不满足限界条件，右子结点为不可行结点，搜索往回移动，移至结点 E。结点 E 没有可扩展结点，成为死结点。搜索往回移动，移至结点 D。结点 D 没有可扩展结点，成为死结点。搜索往回移动，移至结点 C。结点 C 没有可扩展结点，成为死结点。搜索往回移动，移至结点 B。结点 B 成为活结点，并成为当前的可扩展结点。在进入结点 B 的右子树之前，执行限界函数，$cn+n-i=4$，$4>3$，满足限界条件，右子结点 G 为可行结点，不将顶点 2 加入最大团。结点 G 成为活结点，并成为当前的可扩展结点。对于顶点 3，顶点 3 到顶点 1 没有边相连，不满足约束条件，左子结点为不可达结点；在进入结点 G 的右子树之前，执行限界函数，$cn+n-i=3$，不大于 bestn，不可能在右子树中找到更大的团，右子结点为不可行结点，搜索往回移动，移至结点 G。结点 G 没有可扩展结点，成为死结点。搜索往回移动，移至结点 B。结点 B 没有可扩展结点，成为死结点。搜索往回移动，移至结点 A。该步骤的解空间树搜索过程如图 5.43 所示。

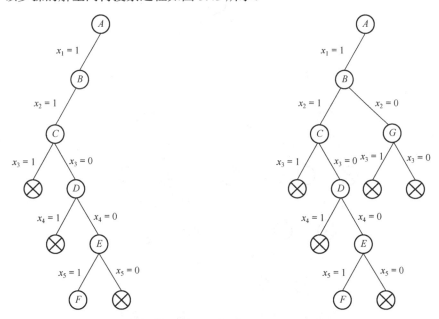

图 5.42　最大团问题的解空间树搜索过程 3　　图 5.43　最大团问题的解空间树搜索过程 4

结点 A 成为活结点，并成为当前的可扩展结点，在进入结点 A 的右子树之前，执行限界函数，$cn+n-i=4$，$4>3$，有可能在右子树中找到更大的团，$x_1=0$，结点 H 为可达结点，不将顶点 1 加入最大团。结点 H 成为活结点，并成为当前的可扩展结点，搜索向其下一层进行。因为没有顶点入团，所以 $x_2=1$ 满足约束条件，将顶点 2 加入最大团，结点 I 成为活结点，并成为当前的可扩展结点，搜索向其下一层进行。对于顶点 3，顶点 3

到顶点 2 有边相连，满足约束条件，左子结点 J 为可达结点，$x_3 = 1$，将顶点 3 加入最大团。结点 J 成为活结点，并成为当前的可扩展结点，搜索向其下一层进行。对于顶点 4，顶点 4 到顶点 2 没有边相连，不满足约束条件，左子结点为不可达结点；在进入结点 J 的右子树之前，执行限界函数，$cn+n-i=3$，不大于 bestn，不可能在右子树中找到更大的团，右子结点为不可行结点。结点 J 没有可扩展结点，成为死结点。搜索往回移动，移至结点 I。在进入结点 I 的右子树之前，执行限界函数，$cn+n-i=3$，不大于 bestn，不可能在右子树中找到更大的团，右子结点为不可行结点。结点 I 没有可扩展结点，成为死结点。搜索往回移动，移至结点 H。在进入结点 I 的右子树之前，执行限界函数，$cn+n-i=2$，不大于 bestn，不可能在右子树中找到更大的团，右子结点为不可行结点。结点 H 没有可扩展结点，成为死结点。搜索往回移动，移至结点 A。算法终止。该步骤的解空间树搜索过程如图 5.44 所示。

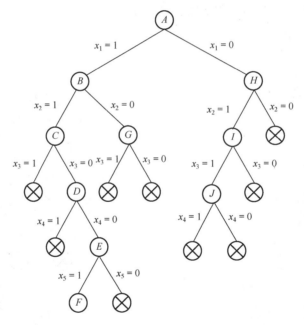

图 5.44   最大团问题的解空间树搜索过程 5

4．回溯法解最大团问题的算法实现代码

算法的实现代码如下[1]：

```
class MaxClique
{
static int[]  x;            // 当前解
static int n;               // 图 G 的顶点数
static int cn;              // 当前顶点数
```

```java
static int bestn;          // 当前最大顶点数
static int[] bestx;        // 当前最优解
static boolean [][] a;     // 图 G 的邻接矩阵
public static int maxClique(int[] v)
{
  x=new int[n+1];
  cn=0;
  bestn=0;
  bestx=v;
  backtrack(1);
  return bestn;
}
void Clique::backtrack(int i)
{
  if (i>n)
  {
  // 到达叶结点
    for (int j=1;j<=n;j++)   bestx[j]=x[j];
    bestn=cn;
    return;
  }
  int ok=1;
  for (int j=1;j<i;j++) //检查顶点 i 与当前团的连接
    if (x[j]==1 && a[i][j]==0)
    {
      ok=0;
      break;
    }
    if (ok)
    {// 进入左子树
    x[i]=1;
    cn++;
    backtrack(i+1);
    cn--;
    }
    if (cn+n-i>bestn)
    {// 进入右子树
```

```
        x[i]=0;
        backtrack(i+1);
        }
      }
    }
```

5. 解最大团问题的回溯算法的时间复杂性分析

解最大团问题的回溯算法的总时间耗费是 $O(n2^n)$。

5.6 图的 m 着色问题

图的 m 着色问题是由地图四着色问题引申而来的。四色猜想于 1852 年被提出："任何地图能够只用四种颜色使得相邻的国家着上不同颜色。"四色猜想被提出之后的 150 多年时间里，许多科学家用了很长时间，花费了很多精力都无法给予证明。直到 1976 年数学家阿佩尔和海肯借助计算机才证明了这个问题。四色猜想也终于成为四色定理。

四色定理是图的 m 可着色判定问题的一种特殊情况。图的 m 可着色判定问题是指给定图 $G=(V,E)$ 和 m 种颜色，用这些颜色为图 G 的各顶点着色，每个顶点着一种颜色，问是否有一种 m 着色法能使图 G 中的每条边的 2 个顶点着不同的颜色。若一个图最少需要 m 种颜色才能使图中每条边连接的 2 个顶点着不同的颜色，则称这个数 m 为该图的色数。求一个图的色数 m 的问题称为图的 m 可着色优化问题。

例如，如图 5.45 所示，给定无向连通图 $G=(V,E)$ 和 3 种不同的颜色，用这些颜色为图 G 的各顶点着色，每个顶点着一种颜色。问是否有一种 3 着色法使图 G 中相邻的两个顶点有不同的颜色？下面采用回溯法解图的 m 可着色判定问题。

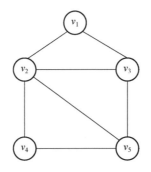

图 5.45 图的 m 可着色判定问题

1. 定义图的 m 着色问题的解空间

图的 m 着色问题的解可以表示为一个 n 元组 $\{x_1, x_2, \cdots, x_n\}$，整数 $1, 2, \cdots, m$ 用来表示 m 种不同颜色，x_i（$1 \leqslant i \leqslant n$）的取值表示顶点 i 所用的颜色。

2. 建立图的 m 着色问题的解空间结构

图的 m 着色问题的解空间结构可表示为一棵完全 m 叉树，如图 5.46 所示。解空间树的每层中的每个结点都有 m 个子结点，每个子结点对应于 x_i 的 m 个可能的着色之一。解空间树有 m^n 个叶结点。这棵解空间树从树的根结点到叶结点的路径定义了图的一个 m 可着色方案。

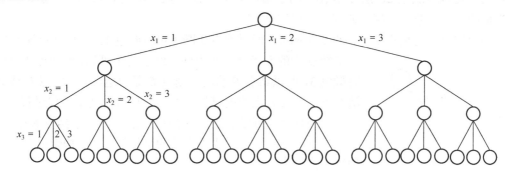

图 5.46　图的 m 可着色判定问题解空间树

3. 采用回溯法以深度优先的策略搜索解空间树

首先，用一个 5×5 的邻接矩阵来存储图的信息。顶点 i 与顶点 j 属于顶点集合 V，若边 (i, j) 属于图 $G = (V, E)$ 的边集 E，则 $a[i][j] = 1$，否则 $a[i][j] = 0$，如图 5.47 所示。

	1	2	3	4	5
1	0	1	1	∞	∞
2	1	0	1	1	1
3	1	1	0	∞	1
4	∞	1	∞	0	1
5	∞	1	1	1	0

图 5.47　图 G 的邻接矩阵

回溯法从根结点开始以深度优先的方式搜索解空间树。图 G 的 3 着色问题的解空间结构可表示为一棵完全三叉树。解空间树的每层中的每个结点都有 3 个子结点，每个子结点对应于 x_i 的 3 个可能的着色之一。在递归搜索的过程中，当 $i > n$ 时，表示搜索抵达一个叶结点，得到一个新的 3 着色方案，该方案由解空间树从树的根结点到叶结点的路径定义。

如果 $i \leqslant n$，那么当前扩展结点是解空间树中的一个内部结点。每个内部结点都有 3 个子结点。对每个子结点，需要用约束函数检查其是否满足约束条件。约束条件设置为相邻顶点不可着相同的颜色。若满足约束条件，则该子结点为可行结点，搜索向其下一层进行；若不满足约束条件，则该子结点为不可行结点，剪去以其为根结点的子树，搜索往回移动，移至离其最近的活结点处，然后以相同的策略在解空间树中进行搜索。

初始时根结点 A 是活结点并且是当前的可扩展结点，顶点 1 可以着颜色 1，所以根结点的左子结点 B 可达，结点 B 成为活结点，并成为当前的可扩展结点，搜索向其下一层进行。

因为顶点 1 与顶点 2 相连，所以顶点 2 不可着颜色 1，于是结点 B 的左子结点不可达，但顶点 2 可以着颜色 2，所以结点 B 的子结点 C 是可达结点，结点 C 成为活结点，并成为当前的可扩展结点，搜索向其下一层进行。

因为顶点 3 与顶点 1 和顶点 2 都相连，所以顶点 3 既不可着颜色 1，又不可着颜色 2，于是结点 C 的左子结点和中间子结点均不可达，但顶点 3 可以着颜色 3，所以结点 B 的右子结点 D 是可达结点，结点 D 成为活结点，并成为当前的可扩展结点，搜索向其下一层进行。

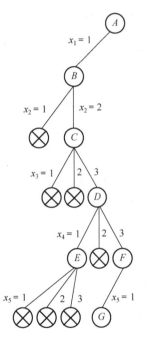

图 5.48　解空间树的搜索过程

因为顶点 4 可以着颜色 1，所以结点 D 的左子结点 E 可达，结点 E 成为活结点，并成为当前的可扩展结点，搜索向其下一层进行。

因为顶点 5 与顶点 2、顶点 3、顶点 4 都相连，所以顶点 5 不可着颜色 1，不可着颜色 2，也不可着颜色 3，于是结点 E 的 3 个子结点均不可达，结点 E 成为死结点，搜索往回移动，回到结点 D。

因为顶点 4 与顶点 2 相连，所以顶点 4 不能着颜色 2，但其可以着颜色 3，于是结点 D 的右子结点 F 可达，结点 F 成为活结点，并成为当前的可扩展结点，搜索向其下一层进行。

因为顶点 5 与顶点 2、顶点 3、顶点 4 都相连，顶点 2 着颜色 2，顶点 3 与顶点 4 着颜色 3，所以顶点 5 可以着颜色 1。结点 F 的左子结点 G 可达，结点 G 成为活结点，并成为当前的可扩展结点。但是，结点 G 是叶结点，搜索得到一个新的 3 着色方案 (1, 2, 3, 3, 1)。解空间树的搜索过程如图 5.48 所示。

4. 回溯法解图的 m 着色问题的算法实现代码

算法的实现代码如下[1]：

```
class Coloring
{
```

```java
static int n;        //图的顶点数
static int m;        //可用颜色数
static boolean [][]a; //图的邻接矩阵
static int []x;       //当前解
static long sum;        //当前已找到的 m 可着色方案数
public static long mColoring(int mm)
{
 m=mm;
 sum=0;
 backtrack(1);
 return sum;
 }
private static void backtrack(int t)
{
 if(t>n)
 {
  sum++;
  for(int i=1;i<=n;i++)
   System.out.print(x[i]+"  ");
   System.out.println();    }
  else
   for(int i=1;i<=m;i++)
   {
     x[t]=i;
     if(ok(t))backtrack(t+1);
     x[t]=0;
   }
  }
 private static boolean ok (int k)
 {
 for(int j=1;j<=n;j++)
  if(a[k][j] && (x[j]==x[k]))return false;
 return true;
 }
```

5. 图的 *m* 可着色问题算法时间复杂性分析

解图的 m 可着色问题的回溯算法的计算时间上界，可以通过计算解空间树中的内结点个数来估计。图的 m 可着色问题的解空间树中，内结点的个数是 $\sum_{i=0}^{n-1} m^i$。对于每个内结点，在最坏情况下，用约束函数检查每个儿子结点的颜色可用性需要花费的时间是 O(mn)。因此，回溯算法的总时间耗费是

$$\sum_{i=0}^{n-1} m^i (mn) = nm(m^n - 1) / (m-1) = O(nm^n)$$

第6章 分支限界法

6.1 基本思想

分支限界法是在问题的解空间中以广度优先的策略搜索问题解的算法。应用分支限界法求解问题时，首先应定义问题的解空间，然后在问题的解空间上构建易于用分支限界法进行搜索的解空间结构，该解空间结构通常是某种解空间树。分支限界法在问题的解空间树中，按广度优先的策略从根结点出发搜索解空间树，求解目标是找出满足约束条件的一个解，或是在满足约束条件的解中找出使某一目标函数值达到极大或极小的解，即在某种意义下的最优解。

分支限界算法从根结点出发搜索解空间树时，根结点是活结点并且是当前的可扩展结点。根结点一次性将其所有子结点扩展为活结点，在将这些子结点加入活结点表之前，设置约束条件去除不满足可行条件的子结点，设置限界条件去除不可能产生最优解的子结点，剩余的子结点则被加入活结点表。然后，按照队列式或优先队列式分支限界的策略，从活结点表中取出一个结点作为当前的可扩展结点，并重复上述的结点扩展过程。这个过程一直持续到找到所需的解或活结点表为空时终止。分支限界法解决了装载问题、0-1背包问题、旅行商问题（TSP）及求解子集和等大量离散最优化问题。

6.2 装载问题

有 n 个集装箱要装上两艘载重量分别为 C_1 和 C_2 的轮船，其中集装箱 i 的重量为 w_i，且 $\sum w_i \leqslant C_1 + C_2$。问是否有一个合理的装载方案能将这 n 个集装箱装上这两艘轮船？如果有，找出一种装载方案。

设 wt 为装上第一艘轮船的集装箱的重量之和。此时，如果 $\sum_{i=1}^{n} w_i - \text{wt} \leqslant C_2$，那么问题有解；否则问题无解。因此，该问题是在 $\text{wt} \leqslant C_1$ 的前提下，寻找 wt 的最大值，使得 $C_1 - \text{wt}$ 尽量小，即问题等价于如何将第一艘轮船尽可能装满。而如何将第一艘轮船尽可

能装满等价于选取全体集装箱的一个子集，使该子集中集装箱的重量之和最接近 C_1。该问题的形式化描述为

$$\max \sum_{i=1}^{n} w_i x_i$$

$$\sum_{i=1}^{n} w_i x_i \leqslant C_1$$

$$x_i \in \{0,1\},\ 1 \leqslant i \leqslant n$$

设有 3 个集装箱要装上两艘载重量分别为 C_1 和 C_2 的轮船，$C_1 = C_2 = 30, w = \{16,15,15\}$，问是否有一个合理的装载方案能将这 3 个集装箱装上这两艘轮船。我们采用队列式分支限界的方法来求解此问题。队列式分支限界法将活结点表组织成一个队列，并按队列的先进先出（First In First Out, FIFO）原则选取下一个结点作为当前的可扩展结点。

1. 定义问题的解空间

首先定义问题的解空间。对于有 3 个集装箱要装上轮船的装载问题，其解空间由长度为 3 的 $0-1$ 向量 $\{(0, 0, 0), (0, 0, 1), (0, 1, 0), (1, 0, 0), (1, 0, 1), (1, 1, 0), (0, 1, 1), (1, 1, 1)\}$ 组成。

2. 建立解空间结构

装载问题的解空间结构是一棵完全二叉树。解空间树中的每个结点都有左右两个分支，左分支用 1 标识，表示把第 i 个集装箱放上轮船；右分支用 0 标识，表示不把集装箱 i 放上轮船。解空间树的第 i 层到第 $i+1$ 层边上的标号给出了变量的值，从树根到叶的任意一条路径表示解空间中的一个元素。例如，从根结点 A 到叶结点 L 的路径对应于解空间中的元素 $(0,1,1)$。装载问题的解空间树如图 6.1 所示。

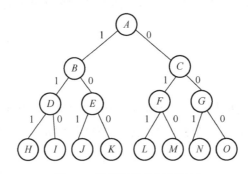

图 6.1　装载问题的解空间树

3. 采用分支限界法以广度优先的方式搜索解空间树

最初，结点 A 是当前的可扩展结点，活结点队列为空。结点 A 有 2 个子结点，即 B

和 C，结点 B 满足约束条件，结点 C 满足限界条件，所以结点 B 和结点 C 均为可行结点，因此将这两个子结点按从左到右的顺序加入活结点队列，并且舍弃当前的可扩展结点 A。该步骤的解空间树搜索过程如图 6.2 所示。

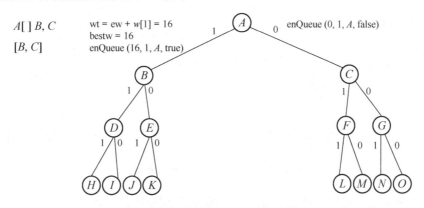

图 6.2　装载问题的解空间树搜索过程 1

按照先进先出的原则，下一个可扩展结点是活结点队列的队首结点 B。结点 B 有 2 个子结点，即 D 和 E。由于结点 D 不满足约束条件，是不可行结点，因此被舍去。结点 E 满足限界条件，是可行结点，因此加入活结点队列。该步骤的解空间树搜索过程如图 6.3 所示。

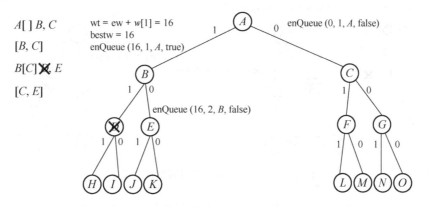

图 6.3　装载问题的解空间树搜索过程 2

按照先进先出的原则，结点 C 成为当前的可扩展结点，结点 C 有 2 个子结点，即 F 和 G。结点 F 满足约束条件，是可行结点，因此加入活结点队列。结点 G 不满足限界条件，是不可行结点，因而被舍去。该步骤的解空间树搜索过程如图 6.4 所示。

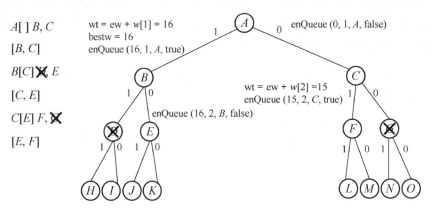

图 6.4　装载问题的解空间树搜索过程 3

　　按照先进先出的原则，结点 E 成为当前的可扩展结点，结点 E 有 2 个子结点，即 J 和 K。结点 J 不满足约束条件，是不可行结点，因此被舍去。结点 K 满足限界条件，但因 为是可行叶结点，所以不加进活结点队列，输出当前最优载重。该步骤的解空间树搜索过 程如图 6.5 所示。

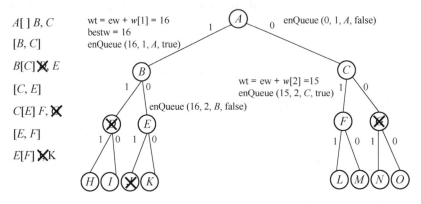

图 6.5　装载问题的解空间树搜索过程 4

　　当前活结点队列的队首结点 F 成为下一个可扩展结点。结点 F 有 2 个子结点，即 L 和 M。结点 L 满足约束条件，是可行结点，并且为叶结点。结点 L 表示获得价值为 30 的 可行解。结点 M 不满足限界条件，是不可行结点，因此被舍去。最后，活结点队列已 空，算法终止。队列式分支限界法搜索得到的最优值为 30。该步骤的解空间树搜索过 程如图 6.6 所示。

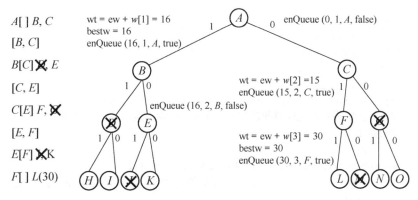

图 6.6　装载问题的解空间树搜索过程 5

4. 分支限界法解装载问题算法的代码实现

分支限界法解装载问题算法的实现代码如下[1]：

```
private static class QNode
{
QNode parent;              //父结点
boolean leftChild;         //左子结点
int weight;                //结点所相应的载重量
    private QNode(QNode theParent,boolean theLeftChild,int theWeight)
    {
        parent=theParent;
        leftChild=theLeftChild;
        weight=theWeight;
        }
    }
    private static void enQueue(int wt,int i,QNode parent, boolean leftchild)
    {
        if (i==n)
        {//可行叶结点
          if(wt==bestw)
          {//当前最优载重量
            bestE=parent;
            bestx[n]=(leftchild)?1:0;
            }
          return;
          }
        //非叶结点，将结点加入活结点队列
    QNode b=new QNode(parent,leftchild,wt);
    queue.put(b);
}
class FIFOBBlodin
```

```
{ static int n;
  static int bestw;          //当前最优载重量
  static ArrayQueue queue;   //活结点队列
  static QNode bestE;
  static int [] bestx;
  public static int maxLoading(int[] w,int c,int []xx)
  {//该算法实施对解空间树的队列式分支限界搜索，返回最优载重量
   //初始化
   bestw=0;
   queue=new ArrayQueue();    //队列用来存放活结点表
   queue.put(null);           //当元素的值为空时，队列到达解空间树同一层结点的尾部
   QNode e=A;
   bestE= A;
   bestx=xx;
   int i=1;                   //当前扩展结点所处的层
   int ew=0;                  //扩展结点相应的载重量
   int r=0;                   //剩余集装箱重量
   for(int j=2;j<=n;j++)
      r+=w[j];
//搜索子集空间树
   while(true)
   { //检查左儿子结点
    int wt=ew+w[i];           //左子结点的重量
    if(wt<=c)
    {//可行结点
      if(wt>bestw)bestw=wt;
      enQueue(wt,i,e,true);
     }
     if(ew+r≥bestw)enQueue(ew,i,e,false);    //检查右子结点
      e=(QNode)queue.remove();               //取下一个可扩展结点
     if(e==null)
     {//同层结点尾部
       if(queue.isEmpty())break;
       queue.put(null);                      //同层结点尾部标志
       e=((QNode)queue.remove();             //下一扩展结点
       i++;            //进入下一层
       r-=w[i];        //剩余集装箱重量
     }
       ew=e.weight;
    }
for(int j=n-1;j>0;j--)
{
  bestx[j]=(bestE.leftChild)?1:0;
```

```
          bestE=bestE.parent;
      }
      return bestw;
      }
  }
```

5．分支限界法解装载问题算法的时间复杂性分析

分支限界法解装载问题算法的时间复杂性为 $O(2^n)$。

6.3 0-1背包

设有 n 个物品，其中物品 i 的重量为 w_i，价值为 v_i，有一容量为 C 的背包。要求选择若干物品装入背包，使装入背包的物品总价值达到最大。0-1 背包问题中，物品 i 在考虑是否装入背包时，只有两种选择：要么全部装入背包，要么全部不装入背包，而不能只装入物品 i 的一部分，也不能将物品 i 装入背包多次。该问题的形式化描述是：给定 $C > 0, w_i > 0, v_i > 0, 1 \leqslant i \leqslant n$，要求找出 n 元 0-1 向量 $(x_1, x_2, \cdots x_n), x_i \in \{0,1\}, 1 \leqslant i \leqslant n$，使得目标函数 $\max \sum_{i=1}^{n} v_i x_i$ 达到最大，并且满足约束条件 $\sum_{i=1}^{n} w_i x_i \leqslant C$。例如，有 3 个物品，$w = \{16, 15, 15\}$，$v = \{45, 25, 25\}$，$C = 30$。要求选择若干物品装入背包，使装入背包的物品总价值达到最大。在第 3 章中，我们采用动态规划算法求解了此问题，下面采用优先队列式分支限界法求解此问题。

1．定义 0-1 背包问题的解空间

对于有 3 个物品的 0-1 背包问题，其解空间由长度为 3 的 0-1 向量{(0, 0, 0), (1, 0, 0), (0, 1, 0), (0, 0, 1), (1, 1, 0), (0, 1, 1), (1, 0, 1), (1, 1, 1)}组成。

2．建立 0-1 背包问题的解空间结构

0-1 背包问题的解空间结构是一棵完全二叉树。解空间树中的每个结点都有左右两个分支，左分支用 1 标识，表示把第 i 个物品放入背包，右分支用 0 标识，表示不把第 i 个物品放入背包。解空间树的第 i 层到第 $i+1$ 层边上的标号给出了变量的值，从树根到叶的任意一条路径表示解空间中的一个元素。例如，从根结点 A 到叶结点 L 的路径对应于解空间中的元素(0, 1, 1)。0-1 背包问题的解空间树如图 6.7 所示。

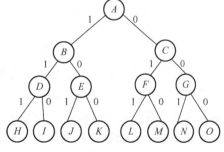

图 6.7 0-1背包问题的解空间树

3．采用分支限界法以广度优先的方式搜索解空间树

0-1 背包问题的优先队列式分支限界法用一个最大堆来实现最大优先队列。结点优先级采用结点的 upperProfit 属性值，该值由算法 bound 计算完成。优先队列式的分支限界法将活结点表组织为一个优先队列，并按优先队列中规定的结点优先级用最大堆的 removemax 运算选取优先级最高的结点作为下一个可扩展结点。

0-1 背包问题在搜索解空间树之前，首先将物品按单位重量价值由大到小排序。搜索解空间树的过程由算法 bbKnapsack 完成。bbKnapsack 算法首先使用约束函数检查当前可扩展结点左子结点的可行性，如果可行，那么将其插入最大堆，如果不可行，那么就舍弃。然后，使用限界函数检查当前可扩展结点的右子结点产生最优解的可能性，如果可能产生最优解，那么将其插入最大堆，如果不可能，那么就舍弃。

最初，结点 A 是当前的可扩展结点，优先队列[]为空。结点 A 被扩展后，它有 2 个子结点 B 和 C。结点 B 满足约束条件，结点 C 满足限界条件，结点 B 和结点 C 均为可行结点，因此被依次插入堆中。该步骤的解空间树搜索过程如图 6.8 所示。

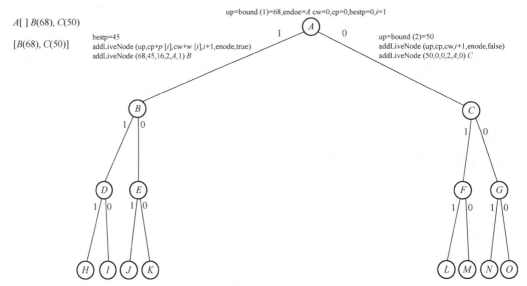

图 6.8　0-1 背包问题的解空间树搜索过程 1

由于结点 B 是堆中具有最大优先级（68）的结点，处于堆顶位置，因此结点 B 成为下一个可扩展结点。结点 B 有 2 个子结点 D 和 E。结点 D 不满足约束条件，被舍弃。结点 E 满足限界条件，是可行结点，因此插入堆中。该步骤的解空间树搜索过程如图 6.9 所示。

由于结点 E 是堆中具有最大优先级（68）的结点，处于堆顶位置，因此结点 E 成为下一个可扩展结点。结点 E 有 2 个子结点 J 和 K。结点 J 不满足约束条件，被舍弃。结点 K 满足限界条件，是可行结点，因此被插入堆中。该步骤的解空间树搜索过程如图 6.10 所示。

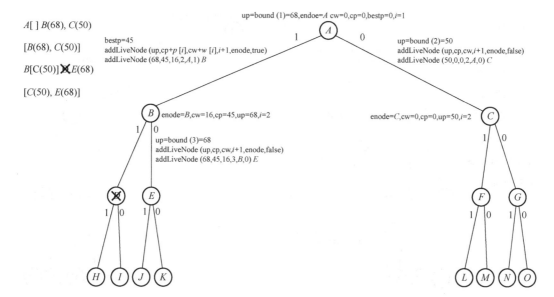

图 6.9　0-1 背包问题的解空间树搜索过程 2

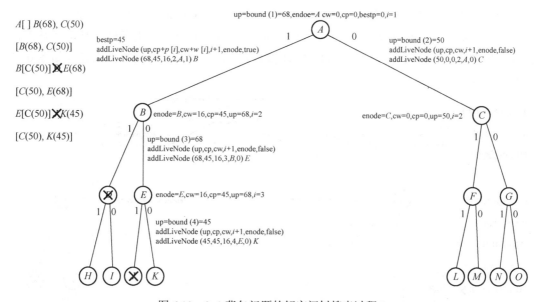

图 6.10　0-1 背包问题的解空间树搜索过程 3

由于结点 C 是堆中具有最大优先级（50）的结点，处于堆顶位置，因此结点 C 成为下一个可扩展结点。结点 C 有 2 个子结点 F 和 G。结点 F 满足约束条件，是可行结点，因此被插入堆中。结点 G 不满足限界条件，因此被舍弃。该步骤的解空间树搜索过程如图 6.11 所示。

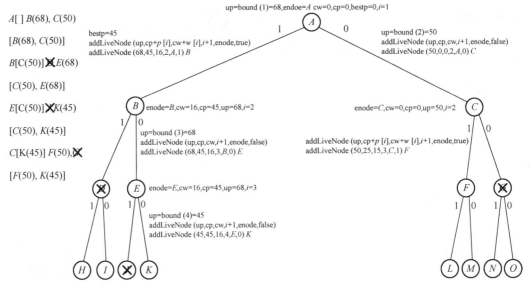

图 6.11　0-1 背包问题的解空间树搜索过程 4

由于结点 F 是堆中具有最大优先级（50）的结点，处于堆顶位置，因此结点 F 成为下一个可扩展结点。结点 F 有 2 个子结点 L 和 M。结点 L 满足约束条件，是可行结点，被插入堆中。结点 M 不满足限界条件，因此被舍弃。该步骤的解空间树搜索过程如图 6.12 所示。

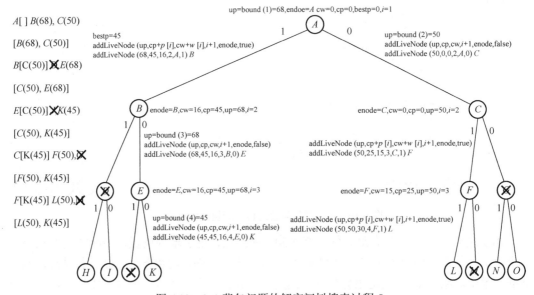

图 6.12　0-1 背包问题的解空间树搜索过程 5

由于结点 L 是堆中具有最大优先级（50）的结点，处于堆顶位置，因此结点 L 成为下一个可扩展结点。结点 L 为叶结点，算法找到了问题的最优解(0, 1, 1)，得到了问题的最优值 50，算法终止。该步骤的解空间树搜索过程如图 6.13 所示。

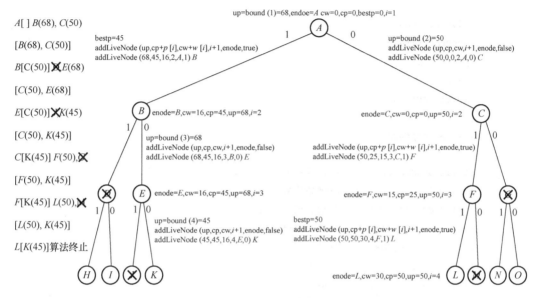

图 6.13　0-1 背包问题的解空间树搜索过程 6

4. 分支限界法解 0-1 背包问题算法的代码实现

分支限界法解 0-1 背包问题算法的实现代码如下[1]：

```
class BBnode
{
BBnode parent;              //父结点
boolean leftChild;          //左子结点标志
BBnode(BBnode par,boolean ch)
{
 parent=par;
 leftChild=ch;
 }
 }
class HeapNode implements Comparable
{
BBnode liveNode;            //活结点
double upperProfit;         //结点的价值上界
double profit;              //结点相应的价值
```

```
   double weight;            //结点相应的重量
  int level;                //活结点在子集树中所处的层号
    HeapNode(BBnode node,double up,double pp,double ww,int lev)
{
  liveNode=node;
  upperProfit=up;
  profit=pp;
  weight=ww;
  level=lev;
}
class BBKnapsack
{
  static double c;          //背包容量
  static int  n;            //物品总数
  static double []w;        //物品重量数组
  static double []p;        //物品价值数组
  static double  cw;        //当前重量
  static double  cp;        //当前价值
  static int [] bestx;      //最优解
  static MaxHeap heap;      //活结点优先队列
  private static double bound(int i)
  {//计算结点相应价值的上界
   double cleft=c-cw;       //剩余容量
   double b=cp;            //价值上界
   //以物品单位重量价值递减序装填剩余容量
   while(i<=n && w[i]<=cleft)
   {
    cleft-=w[i];
    b+=p[i];
    i++;
   }
  //装填剩余容量装满背包
   if(i<=n)b+=p[i]/w[i]*cleft;
   return b;
 }
private static void addLiveNode(double up,double pp,double ww,int lev,BBnode par,boolean ch)
{ //将一个新的活结点插入子集树的最大堆
 BBnode b=new BBnode(par,ch);
```

```
HeapNode node=new HeapNode(b,up,pp,ww,lev);
 heap.insert(node);
}
public static double knapsack(double[] pp,double []ww,double cc,int []xx)
{     //返回最大价值，bestx 返回最优解
  c=cc;
  //定义按照单位重量价值排序的物品数组
  Element []q=new Element[n];
  double ws=0.0;        //装包物品重量
  double ps=0.0;        //装包物品价值
  for(int i=1;i<=n;i++)
  {
   q[i-1]=new Element(i,pp[i]/ww[i]);
   ps+=pp[i];
   ws+=ww[i];
   }
   if(ws<=c)            //所有物品装包
   {
    for(int i=1;i<=n;i++)
     xx[i]=1;
    return ps;
   }
  //按照单位重量价值升序排序
  mergeSort(q,0,n-1);
  //初始化类数据成员
  p=new double[n+1];
  w=new double[n+1];
 for(int i=1;i<=n;i++)        //转换为降序
 {
  p[i]=pp[q[n-i].id];
  w[i]=ww[q[n-i].id];
 }
cw=0.0;
cp=0.0;
bestx=new int[n+1];
HeapNode []h1=new HeapNode[n+1];
heap=new MaxHeap(h1,0,n);
```

```
    //调用 bbKnapsack 求问题的最优解
    double maxp=bbKnapsack();
    for(int i=1;i<=n;i++)
     xx[q[n-i].id]=bestx[i];
    return maxp;
 }
private static double bbKnapsack()
{ //优先队列分支界限法，返回最大价值，bestx 返回最优值
    BBnode enode=A;
    int i=1;
    double bestp=0.0;          //当前最优值
    double up=bound(1);        //价值上界
    while(i!=n+1)              //搜索子集空间树
    {//非叶结点
      //检查当前可扩展结点的左子结点
      double wt=cw+w[i];
      if(wt<=c)
      {//左子结点为可行结点
        if(cp+p[i]>bestp)
        bestp=cp+p[i];
        addLiveNode(up,cp+p[i],cw+w[i],i+1,enode,true);

      }
      up=bound(i+1);
      //检查当前可扩展结点的右子结点
      if(up>=bestp)     //右子树可能含最优解
       addLiveNode(up,cp,cw,i+1,enode,false);
       //取下一个可扩展结点
       HeapNode node=(HeapNode)heap.removemax();
       enode=node.liveNode;
       cw=node.weight;
       cp=node.profit;
       up=node.upperProfit;
       i=node.level;    }
       //构造当前最优解
       for(int j=n;j>0;j--)
       {
```

```
    bestx[j]=(enode.leftChild)?1:0;
    enode=enode.parent;
}
    return cp;
}
```

5．分支限界法解 0-1 背包问题算法的时间复杂性分析

分支限界法解 0-1 背包问题算法的时间复杂性为 $O(2^n)$。

6.4　旅行商问题

旅行商问题（Travelling Salesman Problem，TSP）的提出是，某售货员要去若干城市推销商品，该售货员从一个城市出发，经过每个城市一次，最后回到起始城市。应如何选择行进路线使总路程最短？旅行售货员的路线是一个无向带权连通图 $G = (V, E)$，图中各边的费用（权）为正数，如图 6.14 所示。

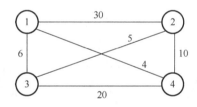

图 6.14　旅行商问题

图 G 的一条周游路线是包括 V 中所有顶点在内的一条回路。周游路线的费用是这条路线上的所有边权之和。由于 TSP 在交通运输、电路板线路设计及物流配送等领域有着广泛的应用，因此国内外学者对其进行了大量的研究。下面采用优先队列式分支限界法求解该问题。

首先，需要用一个 4×4 的矩阵来存储图的信息，如图 6.15 所示。

	1	2	3	4
1	∞	30	6	4
2	30	∞	5	10
3	6	5	∞	20
4	4	10	20	∞

图 6.15　图 G 的邻接矩阵

1．定义 TSP 的解空间

TSP 的可行解是所有顶点的全排列。

2．建立 TSP 的解空间结构

TSP 的解空间可以组织成一棵排列树，如图 6.16 所示，图中的每个结点表示一个城市，结点左边的阿拉伯数字表示该结点代表的是第几个城市，结点 B 表示城市 1，结点 C 表示城市 2，结点 D 表示城市 3，结点 E 表示城市 4。结点之间的边表示城市与城市之间的路径，边旁边的阿拉伯数字表示城市与城市之间的费用（如城市之间的路径长度）。售货员从驻地出发，假设驻地是城市 1，也就是结点 B，那么他共有三条可选择的路径，可以先到城市 2，也可以先到城市 3 或先到城市 4。如果先到城市 2，那么有两个选择，即先到城市 3 或先到城市 4，如果选择先到城市 3，那么下一步就只有一个选择，即首先到城市 4，然后从城市 4 回到驻地城市 1。因此，这棵解空间树从树的根结点到任意一个叶结点的路径定义了图的一条周游路线。TSP 问题要在图 G 的所有周游线路中找出费用最小（如路径最短）的周游路线。

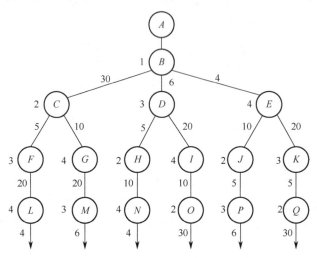

图 6.16　旅行商问题的解空间树

3．采用分支限界法以广度优先的方式搜索解空间树

优先队列式分支限界法从根结点 B 开始，以广度优先的方式搜索解空间树。

算法创建一个最小堆来构建活结点最小优先队列。要创建这个最小堆，需要为每个结点规定一个结点优先级。按照如下规则定义结点优先：首先找出每个城市的最小出边。从城市 1 出发时，有三个出发方向，称之为三个出边，最短出边路径长是 4，用 minOut[1] 来记录城市 1 的最短出边；从城市 2 出发时，最短出边路径长是 5，用 minOut[2] = 5 记录；从城市 3

出发时，最短出边路径长是 5，用 minOut[3] = 5 记录；从城市 4 出发时，最短出边路径长是 4，用 minOut[4] = 4 记录。然后，把这 4 条最短出边加起来，用变量 minsum 记录有

$$minsum = minOut[1] + minOut[2] + minOut[3] + minOut[4]$$
$$= 4 + 5 + 5 + 4$$
$$= 18$$

我们称 minsum 为最小费用下界，利用 minsum 计算每个结点的结点优先级。下面以结点 C 为例进行说明。结点 C 是城市 2。城市 1 和城市 2 之间的距离是 30，售货员抵达城市 2 之后还需要巡游两个城市即城市 3 和城市 4 才能返回城市 1。当前路径长是 30，城市 2、3、4 的最小出边是 5、5、4 时，计算数值有 30 + 5 + 5 + 4 = 44，称 44 是结点 C 的最小费用下界，即售货员如果选择先到达城市 2，那么接下来无论怎么走，路线的长度一定大于 44。同理，算出结点 D 的最小费用下界为 20，结点 E 的最小费用下界是 18。有理由判断，这个问题的最优解在以结点 C 为根结点的子树中的可能性似乎不大，最优解很可能出现在以结点 D 或结点 E 为根结点的子树中。因此，可以用最小费用下界来表示结点优先级。算出所有结点的结点优先级（最小费用下界）并标在圆圈中，如图 6.17 所示。

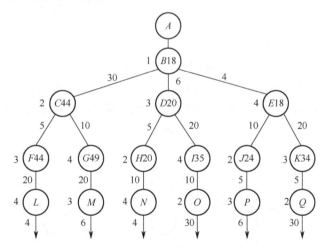

图 6.17　旅行商问题解空间树搜索过程 1

接下来，开始以分支限界法广度优先的策略搜索解空间。

最初，结点 B 是当前的可扩展结点，优先队列[ ]为空。结点 B 被扩展后，它有 3 个子结点 C（优先级为 44）、D（优先级为 20）和 E（优先级为 18）。3 个子结点被依次插入堆中，构建最小堆。结点 E 位于最小堆的堆顶，具有最高结点优先级。抽取堆顶元素，结点 E 成为下一个可扩展结点。该步骤的解空间树搜索过程如图 6.18 所示。

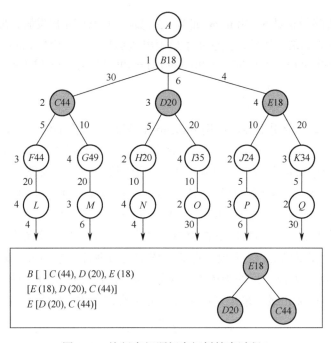

图 6.18　旅行商问题解空间树搜索过程 2

结点 E 被扩展后，它有 2 个子结点 J（优先级为 24）和 K（优先级为 34），这两个子结点被依次插入堆中，建立最小堆。结点 D 位于最小堆的堆顶，具有最高结点优先级。抽取堆顶元素，结点 D 成为下一个可扩展结点。该步骤的解空间树搜索过程如图 6.19 所示。

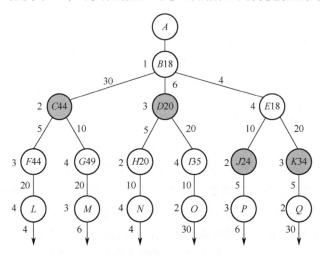

图 6.19　旅行商问题解空间树搜索过程 3

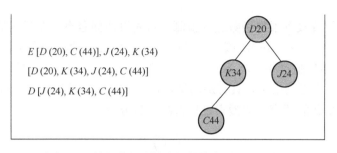

图 6.19　旅行商问题解空间树搜索过程 3（续）

　　结点 D 被扩展后，它有 2 个子结点 H（优先级为 20）和 I（优先级为 35），这两个子结点被依次插入堆中，建立最小堆。结点 H 位于最小堆的堆顶，具有最高结点优先级。抽取堆顶元素，结点 H 成为下一个可扩展结点。该步骤的解空间树搜索过程如图 6.20 所示。

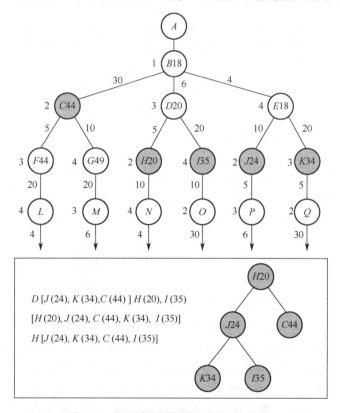

图 6.20　旅行商问题解空间树搜索过程 4

　　结点 H 被扩展后，它有 1 个子结点 N（优先级为 25）。因为结点 N 是叶结点，结点 H 为叶结点的父结点，所以当结点 H 成为当前的可扩展结点后，该问题产生了一条回路。

这时，可以在该位置设置限界函数进行检测。首先设该问题有一个最优值 bestc（该值被初始化为 Float.MAX_VALUE），该回路路径的长度为 25，检测结果是该回路路径长度小于 bestc，可能有最优值产生，将 bestc 的值更新为 25。子结点 N 被插入堆中，建立最小堆。结点 J 位于最小堆的堆顶，具有最高结点优先级。抽取堆顶元素，结点 J 成为下一个可扩展结点。该步骤的解空间树搜索过程如图 6.21 所示。

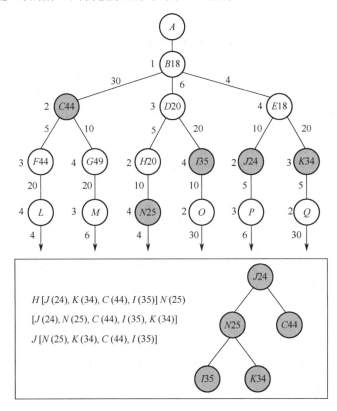

图 6.21　旅行商问题解空间树搜索过程 5

结点 J 被扩展后，它有 1 个子结点 P。因为结点 P 是叶结点，结点 J 为叶结点的父结点，所以当结点 J 成为当前的可扩展结点后，该问题又产生了一条回路，该回路路径的长度也为 25。该回路路径的长度并不小于 bestc，所以不能产生更优解，结点 P 被舍弃。建立最小堆。结点 N 位于最小堆的堆顶，具有最高结点优先级。抽取堆顶元素，结点 N 为叶结点，算法终止。至此，算法找到了该旅行商问题的一个最优解(1, 3, 2, 4)及该问题的最优值 25。该步骤的解空间树搜索过程如图 6.22 所示。

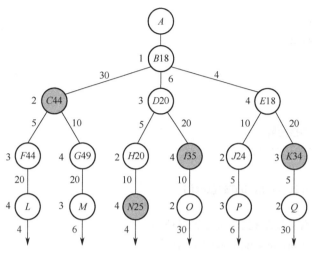

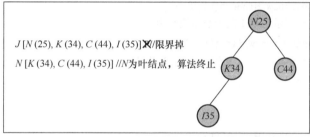

$J\,[N\,(25),\,K\,(34),\,C\,(44),\,I\,(35)]\,\text{✗}/\!/$限界掉

$N\,[K\,(34),\,C\,(44),\,I\,(35)]\,/\!/N$为叶结点，算法终止

图 6.22　旅行商问题解空间树搜索过程 6

4. 分支限界法解旅行商问题算法的实现

分支限界法解旅行商问题算法的实现代码如下[1]：

```
public class BBTSP
{
 private static class HeapNode implements Comparable
 {
  int s;          //s 表示结点在排列树中的层次，根结点到当前结点的路径为 x[0:s]
  float lcost;    //子树费用的下界
  float cc;       //当前费用
  float  rcost;   //x[s:n-1]中顶点最小出边费用和
  int [] x;       //需要进一步搜索的顶点是 x[s+1,n-1]
  //构造方法
  HeapNode(float lc,float ccc,float rc,int ss,int []xx)
  {
   lcost=lc;
```

```
      cc=ccc;
      rcost=rc;
      s=ss;
      x=xx;
    }
  }
 //图 G 的邻接矩阵
 static float [][]a;
}
public static float bbTSP(int[] v)
{
 //解旅行商问题的优先队列式分支限界法
 HeapNode []h1=new HeapNode[n+1];
 MinHeap heap=new MinHeap(h1,0,n+1);
 //minOut[i]表示顶点 i 的最小出边费用
 float [] minOut=new float[n+1];
 float minSum=0;          //最小出边费用和
 for(int i=1;i<=n;i++)
 {
  //计算 minOut[i]和 minSum
  float min=Float.MAX_VALUE;
  for(int j=1;j<=n;j++)
  if(a[i][j]<Float.MAX_VALUE && a[i][j]<min)
  min=a[i][j];
  if(min==Float.MAX_VALUE)  return Float.MAX_VALUE;       //无回路
  minOut[i]=min;
  minSum+=min;
  }
 //初始化
 int []x=new int[n];
 for(int i=0;i<n;i++)x[i]=i+1;
 HeapNode enode=new HeapNode(0,0,minSum,0,x);
 float bestc=Float.MAX_VALUE;       }
 //搜索排列树
 while(enode!=null && enode.s<n-1)     //非叶结点（内部结点）
 {
  x=enode.x;
  if(enode.s==n-2)        //当前扩展结点是叶结点的父结点，再加 2 条边构成回路
```

//所构成回路是否优于当前最优解

```
    {
if(a[x[n-2]][x[n-1]]<Float.MAX_VALUE
&& a[x[n-1]][1]<Float.MAX_VALUE
&& enode.cc+a[x[n-2]][x[n-1]]+a[x[n-1]][1]<bestc)    //找到费用更小的回路
    {
      bestc=enode.cc+a[x[n-2]][x[n-1]]+a[x[n-1]][1];
      enode.cc=bestc;
      enode.lcost=bestc;
      enode.s++;
      heap.insert(enode);
    }
}
else
{
//产生当前扩展结点的子结点
for(int i=enode.s+1;i<n;i++)
if(a[x[enode.s]][x[i]]<Float.MAX_VALUE)
{ //可行子结点
  float cc=enode.cc+a[x[enode.s]][x[i]];
  float rcost=enode.rcost-minOut[x[enode.s]];
  float b=cc+rcost;        //最小费用下界
  if(b<bestc)
  {//子树可能含最优解,结点插入最小堆
    int []xx=new int[n];
    for(int j=0;j<n;j++)xx[j]=x[j];
    xx[enode.s+1]=x[i];
    xx[i]=x[enode.s+1];
    HeapNode node=new HeapNode(b,cc,rcost,enode.s+1,xx);
    heap.insert(node);
  }
}
}
//取下一个可扩展结点
enode=(HeapNode)heap.removemin();
}
//将最优解复制到v[1:n]
  for(int i=0;i<n;i++)
```

```
        v[i+1]=x[i];
        return bestc;
        }
    }
```

5．分支限界法解旅行商问题算法的时间复杂性分析

分支限界法解旅行商问题算法的时间复杂性为 $O(n!)$。

第 2 部分　算法实验

　　算法是计算机和数学学科的一门面向设计的核心专业课程。上机实践是算法学习的重要环节。算法实验部分提供算法概述、递归与分治法、动态规划法、贪心算法、回溯法、分支限界法的相关实验，每个实验均设置了实验目的、实验要求、实验内容和实验原理。读者利用已掌握的算法知识和技能，首先对问题进行分析，然后完成算法设计、代码编写和调试。通过实验，读者可以加深对算法基本理论、基本策略、主要方法的理解，培养针对具体问题选择合适算法正确、有效地解决问题的能力。

第1章　算法概述实验

实验1　算法概述

1.1.1　实验名称

算法概述。

1.1.2　实验目的及要求

1. 明确算法的研究内容与研究目标。
2. 掌握高效地对数据进行排序的方法。
3. 掌握正确分析算法复杂性的方法。

1.1.3　实验学时

2 学时。

1.1.4　实验环境和工具

1. 操作系统：Windows。
2. 开发工具：Eclipse、JDK。
3. 开发语言：Java。

1.1.5　实验内容

1. 给定一个"无序"序列{25, 30, 11, 7, 22, 16, 18, 33, 40, 55}，采用冒泡排序、堆排序、直接选择排序和直接插入排序方法，将该序列排成非递减序列，并回答如下问题：
   1）写出冒泡排序、堆排序、直接选择排序和直接插入排序方法的 Java 实现代码。
   2）采用上述 4 种方法进行排序时，都要执行的两种基本操作是什么？
   3）写出冒泡排序第二趟排序后的结果。
   4）画出采用堆排序方法第一次抽取堆顶元素后得到的最小堆。

5）采用直接选择法排序时，第 5 次交换和选择后，未排序记录是什么？

6）采用直接插入法排序把第 6 个记录 16 插入有序表时，为寻找插入位置，需要比较多少次？

7）试比较上述 4 种排序算法的性能（时间复杂度）。

2. 问题提出：公元前 5 世纪，中国古代数学家张丘建在其《算经》中提出了著名的"百钱买百鸡问题"：鸡翁一，值钱五，鸡母一，值钱三，鸡雏三，值钱一，百钱买百鸡，问翁、母、雏各几何。翻译成白话文为：一百个铜钱买了一百只鸡，其中公鸡一只 5 钱、母鸡一只 3 钱，雏鸡一钱 3 只，问一百只鸡中公鸡、母鸡、雏鸡各多少。算法的伪代码如下：

```
for x=0 to 100
  for y=0 to 100
    for z=0 to 100
      if (x+y+z=100) and (5*x+3*y+z/3=100)  then
       System.out.println("  "+x+"  "+y+"  "+z)
      end if
```

对上述算法做出改进以提高算法的效率，要求将算法的时间复杂性由 $O(n^3)$ 降为 $O(n^2)$，并编程实现改进的算法。

3. 硬件厂商 XYZ 公司宣称他们研制的微处理器的运行速度是其竞争对手 ABC 公司同类产品的 1000 倍。对于计算复杂性分别为 n, n^2, n^3 的各类算法，若用 ABC 公司的计算机能在 1 小时内解决输入规模为 n 的问题，则用 XYZ 公司的计算机在 1 小时内能解决多大输入规模的问题？

4. 假设某算法在输入规模为 n 时的计算时间为 $T(N) = 3 \times 2^n$。在某台计算机上，于 t 秒内实现并完成该算法。现有另一台计算机，其运行速度为第一台的 128 倍，那么在这台新机器上用同一算法在 t 秒内能解决多大输入规模的问题？

第 2 章　递归与分治法实验

实验 1　二分搜索术

2.1.1　实验名称

二分搜索术。

2.1.2　实验目的及要求

1. 掌握递归与分治法的基本思想及基本原理。
2. 掌握使用分治法求解问题的一般特征和步骤。
3. 掌握分治法的设计方法及复杂性分析方法。
4. 掌握二分搜索术的问题描述、算法设计思想、算法设计过程及程序编码实现。

2.1.3　实验学时

2 学时。

2.1.4　实验环境和工具

1. 操作系统：Windows。
2. 开发工具：Eclipse、JDK。
3. 开发语言：Java。

2.1.5　实验内容

1. 给定数组 $a[0:8] = \{1,8,12,15,16,21,30,35,39\}$。采用二分搜索术完成下述任务：

   1）查找是否有元素 30。若有，则返回元素在数组中的位置；若无，则返回无此元素的信息。

   2）查找是否有元素 10。若有，则返回元素在数组中的位置；若无，则返回无此元素的信息。

2. 给定数组 $a[0:8] = \{-15, -6, 0, 7, 9, 23, 54, 82, 101\}$。采用二分搜索术，使得当待搜索的元素 $x = 30$ 不在数组中时，返回小于 x 的最大元素的位置 i 和大于 x 的最小元

素的位置 j。

3. 给定两个数组 $a[0:6] = \{10,15,21,22,36,38\}$ 与 $a[0:8] = \{2,3,8,16,24,27,38,40\}$，采用分治策略找出这两个有序线性序列中的第 7 小元素。

2.1.6 实验原理

由于数组元素之间是有序的，二分搜索术利用元素之间的次序关系进行折半查找。算法首先判断 left $\leqslant$ right 是否成立。若不成立，则算法结束，所要查找的元素不在此序列当中；否则，找到数组中间位置 middle $= \lfloor (\text{left} + \text{right}) / 2 \rfloor$；接着将待查找元素 x 与 a[middle] 进行比较，若 $x = a$[middle]，则算法找到了待查找元素 x，返回该元素的下标，算法结束；若 $x > a$[middle]，则修改数组的左边界，令 left $=$ middle+1，继续递归寻找；若 $x < a$[middle]，则修改数组的右边界，令 right $=$ middle-1，继续递归寻找。二分搜索术充分利用了元素之间的次序关系，加速了搜索进程，提高了搜索效率。

2.1.7 实验结果

1. 写出算法实现代码并给出程序的运行结果。
2. 给出数据记录并对算法运行结果进行分析，画出图表。
3. 对算法做复杂性分析。

2.1.8 实验总结

对本次实验进行结论陈述。

实验 2 合并排序算法

2.2.1 实验名称

合并排序算法。

2.2.2 实验目的及要求

1. 掌握递归与分治法的基本思想及基本原理。
2. 掌握使用分治法求解问题的一般特征及步骤。
3. 掌握分治法的设计方法及复杂性分析方法。
4. 掌握基于分治策略的合并排序算法的问题描述、算法设计思想、算法设计过程及程序编码实现。

2.2.3 实验学时

2 学时。

2.2.4 实验环境和工具

1. 操作系统：Windows。
2. 开发工具：Eclipse、JDK。
3. 开发语言：Java。

2.2.5 实验内容

给定一个包含 n 个元素的一维线性序列 $a[left:right]$，对这 n 个元素按照非递减顺序排序。设 $a[0:7] = \{23,5,9,16,30,25,17,18\}$，采用基于分治策略的合并排序算法解决该问题。

2.2.6 实验原理

合并排序算法采用分治策略实现对 n 个元素的排序。合并排序算法首先将待排序元素分成两个规模大致相同的子数组，若子数组规模依然较大，则继续分割子数组。当子数组只包含单元素时，认为单元素序列本身已经排好序，合并排序算法递归调用结束，子数组不再分割。这时，算法将相邻的两个有序子数组两两合并成所要求的有序序列，算法终止。

2.2.7 实验结果

1. 写出算法实现代码并给出程序的运行结果。
2. 给出数据记录并对算法运行结果进行分析，画出图表。
3. 对算法做复杂性分析。

2.2.8 实验总结

对本次实验进行结论陈述。

实验 3 快速排序算法

2.3.1 实验名称

快速排序算法。

2.3.2 实验目的及要求

1. 掌握递归与分治法的基本思想及基本原理。
2. 掌握使用分治法求解问题的一般特征及步骤。
3. 掌握分治法的设计方法及复杂性分析方法。
4. 掌握基于分治策略的快速排序算法的问题描述、算法设计思想、算法设计过程及程序编码实现。

2.3.3 实验学时

2 学时。

2.3.4 实验环境和工具

1. 操作系统：Windows。
2. 开发工具：Eclipse、JDK。
3. 开发语言：Java。

2.3.5 实验内容

给定一个包含 n 个元素的一维线性序列 $a[p:r]$，对这 n 个元素按照非递减顺序排序。设 $a[0:12] = \{12,4,8,13,6,15,1,10,2,9,17\}$，采用基于分治策略的快速排序算法解决该问题。

2.3.6 实验原理

快速排序算法采用分治策略实现对 n 个元素的排序。首先快速排序算法选择第一个元素为基准元素，将数组划分为三个子数组。设基准元素所在的位置为 q，比基准元素小的元素构成左子数组 $a[p:q-1]$，比基准元素大的元素构成右子数组 $a[q+1:r]$，基准元素构成中间子数组 $a[q]$。对于基准元素而言，每次分解都完成了对这个元素的排序。对于左右两个子数组而言，左右两个子数组是与原问题相同的两个子问题，若子数组长度为 1，则其为有序的；否则，采用相同的策略递归地求解子问题。

2.3.7 实验结果

1. 写出算法实现代码并给出程序的运行结果。
2. 给出数据记录并对算法运行结果进行分析，画出图表。
3. 对算法做复杂性分析。

2.3.8 实验总结

对本次实验进行结论陈述。

实验 4 线性时间选择算法

2.4.1 实验名称

线性时间选择算法。

2.4.2 实验目的及要求

1. 掌握递归与分治法的基本思想及基本原理。
2. 掌握使用分治法求解问题的一般特征及步骤。
3. 掌握分治法的设计方法及复杂性分析方法。
4. 掌握基于分治策略的线性时间选择算法的问题描述、算法设计思想、算法设计过程及程序编码实现。

2.4.3 实验学时

2 学时。

2.4.4 实验环境和工具

1. 操作系统：Windows。
2. 开发工具：Eclipse、JDK。
3. 开发语言：Java。

2.4.5 实验内容

给定一个包含 n 个元素的一维线性序列 $a[p:r]$，从这 n 个元素中找出第 k 小的元素，$1 \leqslant k \leqslant n$。设 $a[0:14] = \{2,9,11,3,14,7,10,8,15,4,13,1,6,5,12\}$，$k = 8$，采用基于分治策略的线性时间选择算法解决该问题。

2.4.6 实验原理

线性时间选择算法的基本思想是，若元素的个数小于某一阈值（如 $n < 75$ ），则采用任意一种排序算法比如冒泡排序对数组进行排序，数组中的第 k 个元素即是所求的元素；

否则，以每 5 个元素为一组，将原数组划分为 $\lceil n/5 \rceil$ 组，对每组元素采用任意一种排序算法比如冒泡排序算法排序，提取每组元素的中位数并将其读入一个数组。对该数组递归地使用上述算法，取中位数集合的中位数，得到一个元素 x。将 x 作为划分的基准元素，调用快速排序算法的 partition 函数，将原数组划分为左两个子数组。左子数组中的元素均小于等于 x，右子数组中的元素均大于 x，据此可以算出元素 x 在原数组中是第 j 大的元素。若需选择第 k 小的元素，则只需将 k 与 j 进行比较，若 $k \leqslant j$，则待查找元素必在左子数组中；否则，待查找元素必在右子数组中。之后，再以相同的策略在左子数组或右子数组中递归地寻找第 k 小的元素。

2.4.7　实验结果

1．写出算法实现代码并给出程序的运行结果。
2．给出数据记录并对算法运行结果进行分析，画出图表。
3．对算法做复杂性分析。

2.4.8　实验总结

对本次实验进行结论陈述。

第3章 动态规划实验

实验1 矩阵连乘问题

3.1.1 实验名称

矩阵连乘问题。

3.1.2 实验目的及要求

1. 掌握动态规划法的基本思想及基本原理。
2. 掌握使用动态规划法求解问题的一般特征及步骤。
3. 掌握动态规划法的算法设计方法及复杂性分析方法。
4. 掌握使用动态规划法求解矩阵连乘问题的问题描述、算法设计思想、算法设计过程及程序编码实现。

3.1.3 实验学时

2学时。

3.1.4 实验环境和工具

1. 操作系统：Windows。
2. 开发工具：Eclipse、JDK。
3. 开发语言：Java。

3.1.5 实验内容

矩阵连乘问题的提出是，给定 n 个矩阵 $\{A_1, A_2, \cdots, A_n\}$，其中 A_i 的维数为 $p_{i-1} \times p_i$，A_i 与 A_{i+1} 是可乘的，$i = 1, 2, \cdots, n-1$，如何确定矩阵连乘的计算次序，使得依此次序计算矩阵连乘所需的数乘次数最少。设有5个矩阵连乘，如 $A_1 A_2 A_3 A_4 A_5$，如表3.1所示。找出最优计算次序，使得矩阵连乘所需的数乘次数最少，采用动态规划法解决此问题。

表 3.1 矩阵连乘

A_1	A_2	A_3	A_4	A_5
5×200	200×2	2×100	100×30	30×200

3.1.6 实验原理

采用动态规划法求解矩阵连乘问题时,首先要定义其最优子结构性质并刻画其结构特征。考察计算 $A[i:j]$ 的最优计算次序。设这个最优计算次序在矩阵 A_k 和 A_{k+1} 之间将矩阵链断开,$i \leqslant k < j$,则其相应完全加括号方式为 $(A_iA_{i+1}\cdots A_k)(A_{k+1}A_{k+2}\cdots A_j)$。这个问题的一个关键特征是,$A[i:j]$ 的最优次序必定包含子链矩阵 $A[i:k]$ 和 $A[k+1:j]$ 的最优计算次序。因此,矩阵连乘计算次序问题的最优解包含着其子问题的最优解,其具有最优子结构性质。在此基础之上,给出矩阵连乘问题最优值的递归定义。$A[i:j]$ 的最优计算次序所需的最少数乘次数 $m[i][j]$ 可以递归地定义为

$$m[i,j] = \begin{cases} 0, & i = j \\ \min_{i \leqslant k < j}\{m[i,k] + m[k+1,j] + p_{i-1}p_kp_j\}, & i < j \end{cases}$$

以自底向上的方式计算出最优值,便可得到此矩阵连乘的最少数乘次数。

3.1.7 实验结果

1. 写出算法实现代码并给出程序的运行结果。
2. 给出数据记录并对算法运行结果进行分析,画出图表。
3. 对算法做复杂性分析。

3.1.8 实验总结

对本次实验进行结论陈述。

实验 2 最长公共子序列问题

3.2.1 实验名称

最长公共子序列问题。

3.2.2 实验目的及要求

1. 掌握动态规划法的基本思想及基本原理。

2．掌握使用动态规划法求解问题的一般特征及步骤。

3．掌握动态规划法算法的设计方法及复杂性分析方法。

4．掌握使用动态规划法求解最长公共子序列的问题描述、算法设计思想、算法设计过程及程序编码实现。

3.2.3 实验学时

2 学时。

3.2.4 实验环境和工具

1．操作系统：Windows。

2．开发工具：Eclipse、JDK。

3．开发语言：Java。

3.2.5 实验内容

最长公共子序列问题的提出是，给定序列 $X = \{x_1, x_2, \cdots, x_m\}$，若存在一个严格递增下标序列 $\{i_1, i_2, \cdots, i_k\}$ 使得对于所有 $j = 1, 2, \cdots, k$ 有 $z_j = x_{i_j}$，则序列 $Z = \{z_1, z_2, \cdots, z_k\}$ 是 X 的子序列。给定两个序列 $X = \{x_1, x_2, \cdots, x_m\}$ 和 $Y = \{y_1, y_2, \cdots, y_n\}$，找出 X 和 Y 的最长公共子序列 $Z = \{z_1, z_2, \cdots, z_k\}$。

最长公共子序列在现实生活中应用广泛。例如，A 先生找到了其失散多年的兄弟。为了确定血缘关系，A 先生决定做 DNA 鉴定。A 先生的基因片段为 $\{A, C, T, C, C, T, A, G\}$，$A$ 先生兄弟的基因片段为 $\{C, A, T, T, C, A, G, C\}$。请编写程序，比较两组基因，找出两人基因片段中最长的相同部分。采用动态规划策略解决该问题。

3.2.6 实验原理

采用动态规划法解决最长公共子序列问题时，首先要定义其最优子结构性质并刻画其结构特征。设 $Z = \{z_1, z_2, \cdots, z_k\}$ 是两个序列 $X = \{x_1, x_2, \cdots, x_m\}$ 和 $Y = \{y_1, y_2, \cdots, y_n\}$ 的最长公共子序列，则：

1）若 $x_m = y_n = z_k$，则 $Z_{k-1} = \{z_1, z_2, \cdots, z_{k-1}\}$ 是 $X_{m-1} = \{x_1, x_2, \cdots, x_{m-1}\}$ 和 $Y_{n-1} = \{y_1, y_2, \cdots, y_{n-1}\}$ 的最长公共子序列。

2）若 $x_m \neq y_n$ 且 $z_k \neq x_m$，则 Z 是 X_{m-1} 和 Y 的最长公共子序列。

3）若 $x_m \neq y_n$ 且 $z_k \neq y_n$，则 Z 是 X 和 Y_{n-1} 的最长公共子序列。

由上述最优子结构性质，最长公共子序列问题的最优值 $c[i][j]$ 可递归地定义为

$$c[i][j] = \begin{cases} 0, & i = 0 \text{ 或 } j = 0 \\ c[i-1][j-1]+1, & i, j > 0 \text{ 和 } x_i = y_j \\ \max\{c[i-1][j], c[i][j-1]\}, & i, j > 0 \text{ 和 } x_i \neq y_j \end{cases}$$

以自底向上的方式计算出最优值，便可得到问题的最优解。

3.2.7　实验结果

1. 写出算法实现代码并给出程序的运行结果。
2. 给出数据记录并对算法运行结果进行分析，画出图表。
3. 对算法做复杂性分析。

3.2.8　实验总结

对本次实验进行结论陈述。

实验 3　最优二叉搜索树问题

3.3.1　实验名称

最优二叉搜索树问题。

3.3.2　实验目的及要求

1. 掌握动态规划法的基本思想及基本原理。
2. 掌握使用动态规划法求解问题的一般特征及步骤。
3. 掌握动态规划法算法的设计方法及复杂性分析方法。
4. 掌握使用动态规划法求解最优二叉搜索树问题的问题描述、算法设计思想、算法设计过程及程序编码实现。

3.3.3　实验学时

2 学时。

3.3.4　实验环境和工具

1. 操作系统：Windows。
2. 开发工具：Eclipse、JDK。

3. 开发语言：Java。

3.3.5 实验内容

最优二叉搜索树问题的提出是，设 $S = \{x_1, x_2, \cdots, x_n\}$ 是一个由 n 个关键字组成的线性有序集，$(a_0, b_1, a_1, \cdots, b_n, a_n)$ 为集合 S 的存取概率分布，表示有序集 S 的二叉搜索树利用二叉树的结点存储有序集中的元素。在二叉搜索树中搜索一个元素 x。在二叉搜索树的内部结点中找到 x 的概率为 b_j；在二叉搜索树的叶结点中确定 x 的概率为 a_i。最优二叉搜索树问题要求找出搜索成本最低的二叉搜索树。设 $n = 4, b(1:4) = (3,3,1,1)$，$a(1:5) = (2,3,1,1,1)$。为方便起见，$b$ 和 a 都已乘以了 16。采用动态规划算法求其最优二叉搜索树。

3.3.6 实验原理

采用动态规划法求解最优二叉搜索树问题时，首先要定义其最优子结构性质并刻画其结构特征。上述二叉搜索树 T 的一棵含有结点 $x_1, \cdots, x_4$ 和叶结点 $(x_0, x_1), \cdots, (x_4, x_5)$ 的子树可视为有序集 $\{x_1, \cdots, x_4\}$ 关于全集合 $\{x_0, \cdots, x_5\}$ 的一棵二叉搜索树，存取概率为 $\{a_0, b_1, a_1, \cdots, b_4, a_4\}$。$T_{1,4}$ 的根结点存储元素 x_m，其左子树 T_l 是关于集合 $\{x_1, \cdots x_{m-1}\}$ 的一棵二叉搜索树，右子树 T_r 是关于集合 $\{x_{m+1}, \cdots, x_4\}$ 的一棵二叉搜索树。可以证明，若这棵以元素 x_m 为根结点的二叉搜索树是最优的，则左子树 T_l 和右子树 T_r 也是最优二叉搜索树。最优二叉搜索树具有最优子结构性质。

由上述最优子结构性质，最优二叉搜索树问题的最优值 $m[i][j]$ 可以递归地定义为

$$m(i, j) = w_{i,j} + \min_{i \leqslant k < j} \{m(i, k-1) + m(k+1, j)\}, \quad i \leqslant j$$

$$m(i, i-1) = 0, \quad 1 \leqslant i \leqslant n$$

以自底向上的方式计算出最优值，就可构造问题的最优解，算法结束。

3.3.7 实验结果

1. 写出算法实现代码并给出程序的运行结果。
2. 给出数据记录并对算法运行结果进行分析，画出图表。
3. 对算法做复杂性分析。

3.3.8 实验总结

对本次实验进行结论陈述。

实验 4　电路布线问题

3.4.1　实验名称

电路布线问题。

3.4.2　实验目的及要求

1．掌握动态规划法的基本思想及基本原理。
2．掌握使用动态规划法求解问题的一般特征及步骤。
3．掌握动态规划法算法的设计方法及复杂性分析方法。
4．掌握使用动态规划法求解电路布线问题的问题描述、算法设计思想、算法设计过程及程序编码实现。

3.4.3　实验学时

2 学时。

3.4.4　实验环境和工具

1．操作系统：Windows。
2．开发工具：Eclipse、JDK。
3．开发语言：Java。

3.4.5　实验内容

电路布线问题的提出是，在一块电路板的上、下两端分别有 n 个接线柱，用导线 $(i, \pi(i))$ 将上端接线柱与下端接线柱相连，其中 $\pi(i)$ 是 $\{1,2,\cdots,n\}$ 的一个排列。要求将这 n 条导线分布到若干绝缘层上，当且仅当两条导线之间无交叉才可以设在同一层。电路布线问题要求确定一个能够布设在同一层的导线集 $\text{Nets} = \{(i,\ \pi(i)),1 \leqslant i \leqslant n\}$ 的最大不相交子集。设 $\pi(i) = \{6,8,12,2,1,4,5,3,11,7,10,9,13\}$，采用动态规划算法求解该电路布线问题。

3.4.6　实验原理

采用动态规划法解决电路布线问题时，首先要定义其最优子结构性质并刻画其结构特征。记 $N(i,j) = \{t \mid (t,\pi(t)) \in \text{Nets}, t \leqslant i, \pi(t) \leqslant j\}$，$N(i,j)$ 的最大不相交子集为 $\text{MNS}(i,j)$，$\text{size}(i,j) = |\text{MNS}(i,j)|$。可以证明，当导线只有一根时，若 $j < \pi(1)$，则最大不相交子集为 $\varnothing$；

若 $j \geq \pi(1)$，则最大不相交子集为 $(1, \pi(1))$。有两根或两根以上的导线时，若 $j < \pi(i)$，则 $\mathrm{MNS}(i, j) = \mathrm{MNS}(i-1, j)$；若 $j \geq \pi(i)$，则 $(i, \pi(i)) \in \mathrm{MNS}(i, j)$，$\mathrm{MNS}(i, j) = \mathrm{MNS}(i-1, \pi(i)-1) + \{(i, \pi(i))\}$，若 $(i, \pi(i)) \notin \mathrm{MNS}(i, j)$，则 $\mathrm{MNS}(i, j) = \mathrm{MNS}(i-1, j)$。电路布线问题具有最优子结构性质。由上述最优子结构性质，电路布线问题的最优值 $\mathrm{size}(i, j)$ 可以递归地定义为

1）当 $i = 1$ 时，$\mathrm{size}(1, j) = \begin{cases} 0, & j < \pi(1) \\ 1, & j \geq \pi(1) \end{cases}$。

2）当 $i > 1$ 时，$\mathrm{size}(i, j) = \begin{cases} \mathrm{size}(i-1, j), & j < \pi(i) \\ \max\{\mathrm{size}(i-1, j), \mathrm{size}(i-1, \pi(i)-1)+1\}, & j \geq \pi(i) \end{cases}$。

以自底向上的方式计算出最优值，便可构造问题的最优解，算法结束。

3.4.7 实验结果

1．写出算法实现代码并给出程序的运行结果。
2．给出数据记录并对算法运行结果进行分析，画出图表。
3．对算法做复杂性分析。

3.4.8 实验总结

对本次实验进行结论陈述。

实验 5 0-1 背包问题

3.5.1 实验名称

0-1 背包问题。

3.5.2 实验目的及要求

1．掌握动态规划法的基本思想及基本原理。
2．掌握使用动态规划法求解问题的一般特征及步骤。
3．掌握动态规划法的算法设计方法及复杂性分析方法。
4．掌握使用动态规划法求解 0-1 背包问题的问题描述、算法设计思想、算法设计过程及程序编码实现。

3.5.3 实验学时

2 学时。

3.5.4 实验环境和工具

1. 操作系统：Windows。
2. 开发工具：Eclipse、JDK。
3. 开发语言：Java。

3.5.5 实验内容

0-1 背包问题的提出是，有 n 个物品，其中物品 i 的重量是 w_i，价值为 v_i，有一容量为 C 的背包，要求选择若干物品装入背包，使装入背包的物品总价值达到最大。此问题的形式化描述是：给定 $C > 0, w_i > 0, v_i > 0, 1 \leqslant i \leqslant n$，要求找出 n 元 0-1 向量 $(x_1, x_2, \cdots, x_n)$，$x_i \in \{0,1\}$，$1 \leqslant i \leqslant n$，使得目标函数 $\max \sum_{i=2}^{n} v_i x_i$ 达到最大，并且要满足约束条件 $\sum_{i=1}^{n} w_i x_i \leqslant C$。设 $n = 5$，$w = \{5,4,8,6,9\}, v = \{20,6,8,15,18\}$，$C = 18$。采用动态规划算法解决该 0-1 背包问题。

3.5.6 实验原理

采用动态规划法解决 0-1 背包问题时，首先要定义其最优子结构性质并刻画其结构特征。设 $(x_1, x_2, \cdots, x_n)$ 是所给 0-1 背包问题的一个最优解，可以证明 $(x_2, \cdots, x_n)$ 是下面相应子问题的一个最优解：

$$\max \sum_{i=2}^{n} v_i x_i$$

$$\sum_{i=2}^{n} w_i x_i \leqslant C - w_1 x_1$$

$$x_i \in \{0,1\}, 1 \leqslant i \leqslant n$$

0-1 背包问题具有最优子结构性质。由上述最优子结构性质，0-1 背包问题的最优值 $m[i][j]$ 可以递归地定义为

$$m(n, j) = \begin{cases} 0, & 0 \leqslant j < w_n \\ v_n, & j \geqslant w_n \end{cases}$$

$$m(i, j) = \begin{cases} m(i+1, j), & 0 \leqslant j < w_i \\ \max\{m(i+1, j), v_i + m(i+1, j - w_i)\}, & j \geqslant w_i \end{cases}$$

$m(i, j)$ 是背包容量为 j、可选择物品为 $i, i+1, \cdots, n$ 时 0-1 背包问题的最优值。以自底向上的方式计算出最优值，构造问题的最优解，算法结束。

3.5.7 实验结果

1. 写出算法实现代码并给出程序的运行结果。
2. 给出数据记录并对算法运行结果进行分析，画出图表。
3. 对算法做复杂性分析。

3.5.8 实验总结

对本次实验进行结论陈述。

第4章 贪心算法实验

实验1 活动安排问题

4.1.1 实验名称

活动安排问题。

4.1.2 实验目的及要求

1. 掌握贪心算法的基本思想及基本原理。
2. 掌握使用贪心算法求解问题的一般特征及步骤。
3. 掌握贪心算法的设计方法及复杂性分析方法。
4. 掌握使用贪心算法求解活动安排问题的问题描述、算法设计思想、算法设计过程及程序编码实现。

4.1.3 实验学时

2 学时。

4.1.4 实验环境和工具

1. 操作系统：Windows。
2. 开发工具：Eclipse、JDK。
3. 开发语言：Java。

4.1.5 实验内容

活动安排问题的提出是，设在活动安排中，每个活动 i 都有一个开始时间 s_i 和一个结束时间 f_i，且 $s_i < f_i$，即每个活动在一个半闭区间 $[s_i , f_i)$ 占用资源，如表 4.1 和图 4.1 所示。求最优活动安排方案，使得安排的活动个数达到最多。采用贪心算法求解该活动安排问题。

表 4.1　活动安排问题

活动 i	1	2	3	4	5	6	7	8	9	10	11	12
开始时间 $s[i]$	2	1	6	7	11	6	4	14	10	18	16	7
结束时间 $f[i]$	4	5	9	10	14	15	16	17	19	22	23	25

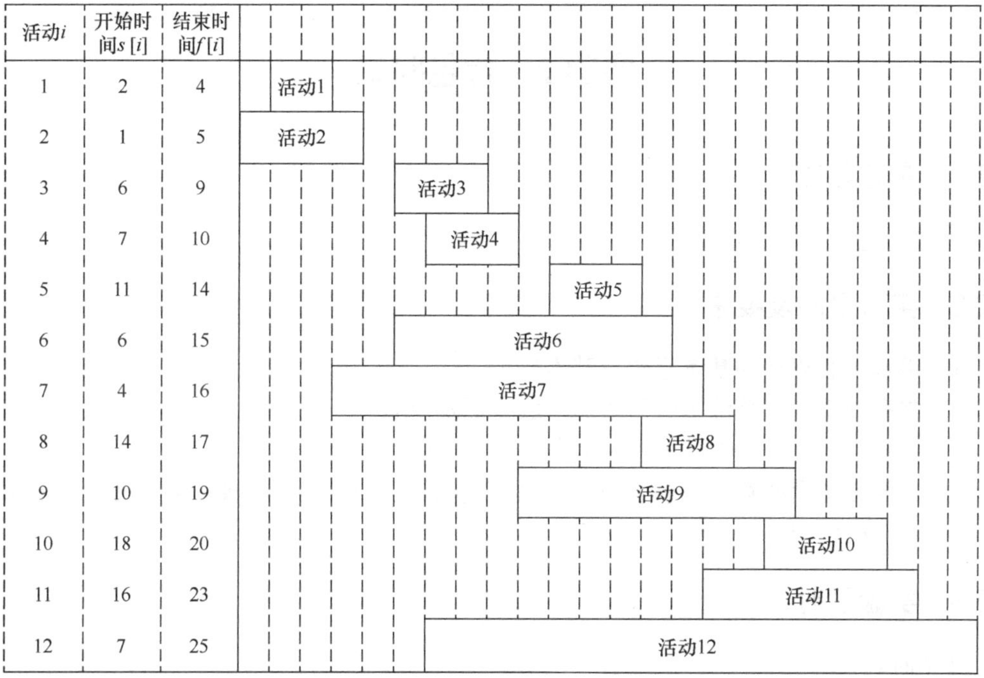

图 4.1　活动安排问题

4.1.6　实验原理

　　活动安排问题的贪心选择策略可以设计为每次从剩余活动中选择具有最早结束时间的活动。如果每一步都按照这种选择来安排活动，那么总可以为剩余活动留下尽可能多的时间，即令剩余的可安排时间段极大化，以便安排尽可能多的相容活动。活动安排问题既具有贪心选择性质，又具有最优子结构性质。用贪心法求解活动安排问题得到的解为该问题的整体最优解。

4.1.7　实验结果

　　1．写出算法实现代码并给出程序的运行结果。
　　2．给出数据记录并对算法运行结果进行分析，画出图表。

3．对算法做复杂性分析。

4.1.8　实验总结

对本次实验进行结论陈述。

实验 2　背包问题

4.2.1　实验名称

背包问题。

4.2.2　实验目的及要求

1．掌握贪心算法的基本思想及基本原理。
2．掌握使用贪心算法求解问题的一般特征及步骤。
3．掌握贪心算法的设计方法及复杂性分析方法。
4．掌握使用贪心算法求解背包问题的问题描述、算法设计思想、算法设计过程及程序编码实现。

4.2.3　实验学时

2 学时。

4.2.4　实验环境和工具

1．操作系统：Windows。
2．开发工具：Eclipse、JDK。
3．开发语言：Java。

4.2.5　实验内容

背包问题的提出是，设有 n 个物品，其中物品 i 的重量是 w_i，价值为 v_i，有一容量为 C 的背包，如表 4.2 所示。要求选择若干物品装入背包，使装入背包的物品总价值达到最大。此问题的形式化描述是：给定 $C>0$，$w_i>0$，$v_i>0$，$1 \leqslant i \leqslant n$，要求找出 $0 \leqslant x_i \leqslant 1, 1 \leqslant i \leqslant n$，使得目标函数 $\max \sum_{i=1}^{n} v_i x_i$ 达到最大，并且满足约束条件 $\sum_{i=1}^{n} w_i x_i \leqslant C$。设 $C=30$，采用贪心算法解决该背包问题。

表 4.2 背包问题

物品 i	1	2	3	4	5	6
重量 $w[i]$	4	8	5	7	6	9
价值 $v[i]$	2	3	1	2	4	5

4.2.6 实验原理

背包问题在考虑物品 i 是否装入背包时，可以全部装入，也可以只装入一部分。背包问题的贪心选择策略可以设计为每次选择单位重量价值最大者放入背包。因为每次选择在相同重量前提下价值最大的物品，当背包装满时必会产生最大价值。背包问题既具有贪心选择性质，又具有最优子结构性质。用贪心法求解背包问题得到的解为该问题的整体最优解。

4.2.7 实验结果

1. 写出算法实现代码并给出程序的运行结果。
2. 给出数据记录并对算法运行结果进行分析，画出图表。
3. 对算法做复杂性分析。

4.2.8 实验总结

对本次实验进行结论陈述。

实验 3 哈夫曼编码

4.3.1 实验名称

哈夫曼编码。

4.3.2 实验目的及要求

1. 掌握贪心算法的基本思想及基本原理。
2. 掌握使用贪心算法求解问题的一般特征及步骤。
3. 掌握贪心算法的设计方法及复杂性分析方法。
4. 掌握基于贪心算法的哈夫曼编码的问题描述、算法设计思想、算法设计过程及程序编码实现。

4.3.3 实验学时

2 学时。

4.3.4 实验环境和工具

1. 操作系统：Windows。
2. 开发工具：Eclipse、JDK。
3. 开发语言：Java。

4.3.5 实验内容

给定编码字符集 C 及其频率分布 f，C 中任一字符 c 以频率 $f(c)$ 在数据文件中出现，如表 4.3 所示。采用前缀码编码方案，编码方案的平均码长定义为 $B(T) = \sum_{c \in C} f(c) d_T(c)$，其中字符 c 在树 T 中的深度记为 $d_T(c)$，$d_T(c)$ 即字符 c 的前缀码长。使平均码长达到最小的前缀码编码方案称为给定编码字符集 C 的最优前缀码。哈夫曼采用贪心算法构造出最优前缀码，由此产生的编码方案称为哈夫曼编码。构建以下编码字符集的哈夫曼树。

表 4.3 哈夫曼编码

字符	a	b	c	d	e	f
次数/千次	5	6	7	8	9	10

4.3.6 实验原理

哈夫曼编码的贪心策略设计为把每个字符视为一棵具有频率的树，每次从树的集合中找到 2 棵具有最小频率的树，构造一棵新树，新树根结点的频率为这两棵树的频率之和，将这棵树插入树的集合中。之后，以同样的策略执行上述步骤，直到集合中只剩下一棵树，这棵树就是哈夫曼树。

4.3.7 实验结果

1. 写出算法实现代码并给出程序的运行结果。
2. 给出数据记录并对算法运行结果进行分析，画出图表。
3. 对算法做复杂性分析。

4.3.8 实验总结

对本次实验进行结论陈述。

实验 4　单源最短路径问题

4.4.1 实验名称

单源最短路径问题。

4.4.2 实验目的及要求

1. 掌握贪心算法的基本思想及基本原理。
2. 掌握使用贪心算法求解问题的一般特征及步骤。
3. 掌握贪心算法的设计方法及复杂性分析方法。
4. 掌握使用贪心算法求解单源最短路径问题的问题描述、算法设计思想、算法设计过程及程序编码实现。

4.4.3 实验学时

2 学时。

4.4.4 实验环境和工具

1. 操作系统：Windows。
2. 开发工具：Eclipse、JDK。
3. 开发语言：Java。

4.4.5 实验内容

单源最短路径问题的提出是，计算带权有向图 $G = (V, E)$ 中的一个点（源点）到其余各顶点的最短路径长度，如图 4.2 所示。设源点 V_0 为顶点 1，采用 Dijkstra 算法求图 4.2 中顶点 1 到其余各顶点的最短路径长。

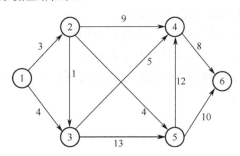

图 4.2 单源最短路径问题

4.4.6 实验原理

单源最短路径问题的贪心选择策略可以设计为设置一个顶点集合 S，顶点集合 S 的初始状态为只有源顶点 1，即 $S = \{1\}$。设 u 是 G 的某个顶点，$u \in V - S$，把从源到 u 且中间只经过 S 中顶点的路径称为从源到 u 的特殊路径。Dijkstra 算法每次从 $V - S$ 中取出具有最短特殊路径长度的顶点 u，将 u 添加到 S 中。一旦 S 包含了 V 中的所有顶点，算法就得到了从源到所有其他顶点之间的最短路径长度。单源最短路径问题既具有贪心选择性质，又具有最优子结构性质。用贪心法求解单源最短路径问题得到的解为该问题的整体最优解。

4.4.7　实验结果

1. 写出算法实现代码并给出程序的运行结果。
2. 给出数据记录并对算法运行结果进行分析，画出图表。
3. 对算法做复杂性分析。

4.4.8　实验总结

对本次实验进行结论陈述。

实验 5　最小生成树问题

4.5.1　实验名称

最小生成树问题。

4.5.2　实验目的及要求

1. 掌握贪心算法的基本思想及基本原理。
2. 掌握使用贪心算法求解问题的一般特征及步骤。
3. 掌握贪心算法的设计方法及复杂性分析方法。
4. 掌握使用贪心算法求解最小生成树问题的问题描述、算法设计思想、算法设计过程及程序编码实现。

4.5.3　实验学时

2 学时。

4.5.4　实验环境和工具

1. 操作系统：Windows。
2. 开发工具：Eclipse、JDK。
3. 开发语言：Java。

4.5.5　实验内容

最小生成树问题的提出是，设有一个包含 n 个顶点的无向连通带权图 $G = (V, E)$，E 中每条边 (v, w) 的权为 $c[v][w]$，如图 4.3 所示。如果图 G 的子图 G' 是一棵包含 G 的所有顶点的树，则称子图 G' 为图 G 的生成树。在图 G 的所有生成树中，找到耗费最小的生成树。采用贪心算法（Prim 算法）求解该最小生成树问题。

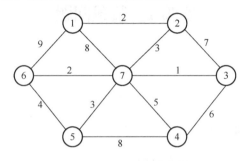

图 4.3　最小生成树问题

4.5.6　实验原理

采用贪心算法求解最小生成树问题时，首先要设置一个顶点集 $S = \{1\}$；然后，只要 S 是 V 的真子集，就做如下贪心选择：选取满足条件 $i \in S$，$j \in V - S$ 且 $c[i][j]$ 最小的边，将顶点 j 添加到 S 中，将边 (i, j) 并入最小生成树。这个过程一直进行到 $S = V$ 时为止。在这个过程中，选取的所有边恰好构成图 G 的一棵最小生成树。

4.5.7　实验结果

1. 写出算法实现代码并给出程序的运行结果。
2. 给出数据记录并对算法运行结果进行分析，画出图表。
3. 对算法做复杂性分析。

4.5.8　实验总结

对本次实验进行结论陈述。

第5章　回溯法实验

实验 1　装载问题

5.1.1　实验名称

装载问题。

5.1.2　实验目的及要求

1. 掌握回溯法的基本思想及基本原理。
2. 掌握使用回溯法求解问题的一般特征及步骤。
3. 掌握回溯法算法的设计方法及复杂性分析方法。
4. 掌握使用回溯法求解装载问题的问题描述、算法设计思想、算法设计过程及程序编码实现。

5.1.3　实验学时

2 学时。

5.1.4　实验环境和工具

1. 操作系统：Windows。
2. 开发工具：Eclipse、JDK。
3. 开发语言：Java。

5.1.5　实验内容

装载问题的提出是，有 n 个集装箱要装上 2 艘载重量分别为 C_1 和 C_2 的轮船，其中集装箱 i 的重量为 w_i，且 $\sum w_i \leqslant C_1 + C_2$。问是否有一个合理的装载方案能将这 n 个集装箱装上这两艘轮船。该问题的形式化描述为

$$\max \sum_{i=1}^{n} w_i x_i, \quad \sum_{i=1}^{n} w_i x_i \leqslant C_1, \ x_i \in \{0,1\}, \ 1 \leqslant i \leqslant n$$

设 $n = 4, C_1 = 10, C_2 = 12, w = \{5, 2, 1, 3\}$。采用回溯法求解该问题。

5.1.6 实验原理

若一个给定的装载问题有解，则问题等价于如何将第一艘轮船尽可能装满。而如何将第一艘轮船尽可能装满等价于选取一个全体集装箱的子集，使该子集中的集装箱重量之和最接近 C_1。

采用回溯法求解装载问题时，首先要定义问题的解空间。对于有 4 个物品的装载问题，其解空间由长度为 4 的 0-1 向量组成。定义了问题的解空间后，在问题的解空间上要构建易于用回溯法进行搜索的解空间结构。装载问题的解空间结构是一棵完全二叉树，该树为一棵包含 2^4 个叶结点的子集树。回溯法从根结点出发，以深度优先的方式搜索解空间树。根结点成为活结点并是当前的可扩展结点。在当前的可扩展结点处，搜索向纵深方向移至一个新结点。算法在访问左子结点之前，需要设置约束函数去除不满足约束条件的子结点；算法在访问右子结点之前，需要设置限界函数去除不可能产生最优解的子结点。如果一个新结点是可行结点，那么这个新结点就成为新的活结点，并成为当前的可扩展结点，搜索继续向纵深方向移至一个新结点；如果一个新结点是不可行结点，那么这个新结点就成为死结点，此时，搜索往回移动到离其最近的一个活结点处。回溯法再以相同的策略递归地在解空间树中进行搜索，直至找到问题的解或解空间中已无活结点时，算法终止。

5.1.7 实验结果

1. 写出算法实现代码并给出程序的运行结果。
2. 给出数据记录并对结果进行分析，画出图表。
3. 对算法做复杂性分析。

5.1.8 实验总结

对本次实验进行结论陈述。

实验 2　批处理作业调度问题

5.2.1 实验名称

批处理作业调度问题。

5.2.2 实验目的及要求

1. 掌握回溯法的基本思想及基本原理。

2．掌握使用回溯法求解问题的一般特征及步骤。

3．掌握回溯法算法的设计方法及复杂性分析方法。

4．掌握使用回溯法求解批处理作业调度问题的问题描述、算法设计思想、算法设计过程及程序编码实现。

5.2.3　实验学时

2 学时。

5.2.4　实验环境和工具

1．操作系统：Windows。

2．开发工具：Eclipse、JDK。

3．开发语言：Java。

5.2.5　实验内容

批处理作业调度问题的提出是，设有 n 个作业 $\{J_1, J_2, \cdots, J_n\}$ 需要处理，每个作业 J_i（$1 \leqslant i \leqslant n$）都由两项任务组成，第一项任务必须在机器 1 处理完成后才能由机器 2 处理。不同的作业调度方案处理完所有作业所需的时间不同。批处理作业调度问题要求制定最佳作业调度方案，使其完成时间之和达到最小。例如，有 5 个作业 $\{J_1, J_2, J_3, J_4, J_5\}$ 需要处理，作业 J_i 需要在机器 1 和机器 2 上的处理时间如表 5.1 所示。采用回溯法求该作业的最佳调度方案。

表 5.1　批处理作业调度

	机器 1	机器 2
作业 1	3	5
作业 2	6	1
作业 3	5	2
作业 4	4	4
作业 5	3	2

5.2.6　实验原理

采用回溯法求妥批处理作业调度问题时，首先要定义问题的解空间。对于有 5 个物品的批处理作业调度问题，其解空间对应 5 个作业的全排列。定义问题的解空间后，在问题的解空间上需构建易于用回溯法进行搜索的解空间结构。批处理作业调度问题的解空间结构是一棵包含 5!个叶结点的排列树。回溯法从根结点出发，以深度优先的方式搜索解空间树。根结点成为活结点并是当前的可扩展结点。在当前的可扩展结点处，搜索向纵深方向移至一个新结点。算法在访问子结点之前，需设置限界函数去除不可能产生最优解的子结点。如果一个新结点满足限界条件，那么新结点是可行结点，这个结点就成为新的活结点，并成为当前的可扩展结点，搜索继续向纵深方向移至一个新结点；如果新结点是不可行结点，那么这个新结点就成为死结点，此时，搜索往回移动至离其最近的一个活结点处。回溯法再以相同的策略递归地在这棵解空间树中进行搜索，直至找到问题的解或解空间中已无活结点时，算法终止。

5.2.7　实验结果

1．写出算法实现代码并给出程序的运行结果。
2．给出数据记录并对算法运行结果进行分析，画出图表。
3．对算法做复杂性分析。

5.2.8　实验总结

对本次实验进行结论陈述。

实验 3　n 皇后问题

5.3.1　实验名称

n 皇后问题。

5.3.2　实验目的及要求

1．掌握回溯法的基本思想及基本原理。
2．掌握使用回溯法求解问题的一般特征及步骤。
3．掌握回溯法算法的设计方法及复杂性分析方法。
4．掌握使用回溯法求解 n 皇后问题的问题描述、算法设计思想、算法设计过程及程序编码实现。

5.3.3　实验学时

2 学时。

5.3.4　实验环境和工具

1．操作系统：Windows。

2. 开发工具：Eclipse、JDK。

3. 开发语言：Java。

5.3.5 实验内容

n 皇后问题的提出是，在 $n \times n$ 格的棋盘上放置 n 个皇后，按照国际象棋的规则，如果 n 个皇后在同一行或同一列或同一斜线上会相互攻击，那么要求给出放置方案使得 n 个皇后彼此不受攻击。现有 8 个皇后需放置在 8×8 的棋盘格上，如图 5.1 所示。采用回溯法求解该 8 皇后问题。

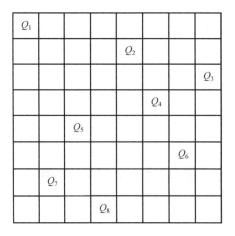

图 5.1　8 皇后问题

5.3.6 实验原理

采用回溯法求解 8 皇后问题时，首先要定义问题的解空间。8 皇后问题的解可以表示为一个 8 元组 $(x_1, x_2, \cdots, x_8)$。定义问题的解空间后，在问题的解空间上需构建易于用回溯法进行搜索的解空间结构。8 皇后问题的回溯法解空间结构为一棵完全 8 叉树。这棵解空间树从树的根结点到叶结点的路径，定义了一个 8 皇后彼此不受攻击的方案。回溯法从根结点出发，以深度优先的方式搜索解空间树。根结点成为活结点并是当前的可扩展结点。在当前的可扩展结点处，搜索向纵深方向移至一个新结点。在算法访问子结点之前，需设置约束函数去除不满足约束条件的子结点。如果一个新结点满足约束条件，那么这个新结点是可行结点，这个结点就成为新的活结点，并成为当前的可扩展结点，搜索继续向纵深方向移至一个新结点；如果一个新结点是不可行结点，那么这个新结点就成为死结点，此时，搜索往回移动至离其最近的一个活结点处。回溯法再以相同的策略递归地在这棵解空间树中进行搜索，直至搜索抵达叶结点时，算法找到 8 皇后互不攻击的方案。

5.3.7 实验结果

1. 写出算法实现代码并给出程序的运行结果。
2. 给出数据记录并对算法运行结果进行分析，画出图表。
3. 对算法做复杂性分析。

5.3.8 实验总结

对本次实验进行结论陈述。

实验 4　最大团问题

5.4.1　实验名称

最大团问题。

5.4.2　实验目的及要求

1. 掌握回溯法的基本思想及基本原理。
2. 掌握使用回溯法求解问题的一般特征及步骤。
3. 掌握回溯法算法的设计方法及复杂性分析方法。
4. 掌握使用回溯法求解最大团问题的问题描述、算法设计思想、算法设计过程及程序编码实现。

5.4.3　实验学时

2 学时。

5.4.4　实验环境和工具

1. 操作系统：Windows。
2. 开发工具：Eclipse、JDK。
3. 开发语言：Java。

5.4.5　实验内容

最大团问题的提出是，给定一个无向图 $G = (V, E)$，如图 5.2 所示。选择顶点集合 V 的一个子集，这个子集中任意两个顶点之间的边都属于边集 E，且这个子集包含的顶点的个数

是顶点集合 V 所有同类子集中包含顶点个数最多的。采用回溯法求解该最大团问题。

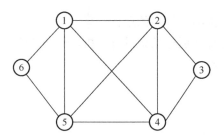

图 5.2　最大团问题

5.4.6　实验原理

采用回溯法求解最大团问题时，首先要定义问题的解空间。上述最大团问题的解可以表示为一个 6 元组 $(x_1, x_2, \cdots, x_6)$，x_i（$1 \leqslant i \leqslant 6$）的取值为 0 或 1，表示顶点 i 不属于或属于最大团。定义问题的解空间后，在问题的解空间上需构建易于用回溯法进行搜索的解空间树。6 个顶点的最大团问题的解空间结构为一棵有 2^6 个叶结点的完全二叉树。这棵解空间树从树的根结点到叶结点的路径，定义了最大团问题的最优解。回溯法从根结点出发，以深度优先的方式搜索解空间树。根结点成为活结点并是当前的可扩展结点。在当前的可扩展结点处，搜索向纵深方向移至一个新结点。在访问左子结点之前，需设置约束函数去除不满足约束条件的子结点；在访问右子结点之前，需设置限界函数去除不可能产生最优解的子结点。如果一个新结点满足约束条件或限界条件，那么这个新结点是可行结点，这个结点就成为新的活结点，并成为当前的可扩展结点，搜索继续向纵深方向移至一个新结点；如果一个新结点是不可行结点，那么这个新结点就成为死结点，此时，搜索往回移动到最近的一个活结点处。回溯法再以相同的策略递归地在这棵解空间树中进行搜索，直至搜索抵达叶结点时，算法找到最大团问题的最优解。

5.4.7　实验结果

1. 写出算法实现代码并给出程序的运行结果。
2. 给出数据记录并对算法运行结果进行分析，画出图表。
3. 对算法做复杂性分析。

5.4.8　实验总结

对本次实验进行结论陈述。

实验 5　图的 *m* 着色问题

5.5.1　实验名称

图的 *m* 着色问题。

5.5.2　实验目的及要求

1. 掌握回溯法的基本思想及基本原理。
2. 掌握使用回溯法求解问题的一般特征及步骤。
3. 掌握回溯法算法的设计方法及复杂性分析方法。
4. 掌握使用回溯法求解图的 *m* 着色问题的问题描述、算法设计思想、算法设计过程及程序编码实现。

5.5.3　实验学时

2 学时。

5.5.4　实验环境和工具

1. 操作系统：Windows。
2. 开发工具：Eclipse、JDK。
3. 开发语言：Java。

5.5.5　实验内容

图的 *m* 着色问题的提出是，给定图 $G = (V, E)$ 和 *m* 种颜色，如图 5.3 所示，用这些颜色为图 *G* 的各顶点着色，每个顶点着一种颜色。问是否有一种着色法使 *G* 中每条边的 2 个顶点着不同的颜色。采用回溯法判断该图的色数。

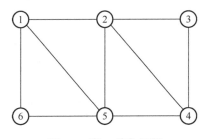

图 5.3　图 *m* 着色问题

5.5.6 实验原理

采用回溯法求解图的 m 着色问题时，首先要定义问题的解空间。上述图的 m 着色问题的解可以表示为一个 6 元组 $(x_1, x_2, \cdots, x_6)$，x_i（$1 \leqslant i \leqslant 6$）的取值表示顶点 i 所用的颜色。定义问题的解空间后，在问题的解空间上需构建易于用回溯法进行搜索的解空间结构。6 个顶点的图 m 着色问题的回溯法解空间结构为一棵有 m^6 个叶结点的完全 m 叉树。这棵解空间树从树的根结点到叶结点的路径，定义了图 m 着色问题的可行解。回溯法从根结点出发，以深度优先的方式搜索解空间树。根结点成为活结点并是当前的可扩展结点。在当前的可扩展结点处，搜索向纵深方向移至一个新结点。在算法访问子结点之前，需设置约束函数去除不满足约束条件的子结点。如果一个新结点满足约束条件，那么这个新结点是可行结点，这个结点就成为新的活结点，并成为当前的可扩展结点，搜索继续向纵深方向移动至一个新结点；如果一个新结点是不可行结点，那么这个新结点就成为死结点，此时，搜索往回移动到最近的一个活结点处。回溯法再以相同的策略递归地在这棵解空间树中进行搜索，直至搜索抵达叶结点时，算法找到一个新的 m 着色方案。

5.5.7 实验结果

1. 写出算法实现代码并给出程序的运行结果。
2. 给出数据记录并对算法运行结果进行分析，画出图表。
3. 对本算法做复杂性分析。

5.5.8 实验总结

对本次实验进行结论陈述。

第6章 分支限界法实验

实验1 装载问题

6.1.1 实验名称

装载问题。

6.1.2 实验目的及要求

1. 掌握分支限界法的基本思想及基本原理。
2. 掌握使用分支限界法求解问题的一般特征及步骤。
3. 掌握分支限界法算法的设计方法及复杂性分析方法。
4. 掌握使用队列式分支限界法求解装载问题的问题描述、算法设计思想、算法设计过程及程序编码实现。

6.1.3 实验学时

2 学时。

6.1.4 实验环境和工具

1. 操作系统：Windows。
2. 开发工具：Eclipse、JDK。
3. 开发语言：Java。

6.1.5 实验内容

装载问题的提出是，有 n 个集装箱要装上 2 艘载重量分别为 C_1 和 C_2 的轮船，其中集装箱 i 的重量为 w_i，且 $\sum w_i \leqslant C_1 + C_2$，问是否有一个合理的装载方案能将这 n 个集装箱装上这两艘轮船。该问题的形式化描述为

$$\max \sum_{i=1}^{n} w_i x_i,$$

$$\sum_{i=1}^{n} w_i x_i \leqslant C_1,$$

$$x_i \in \{0,1\}, 1 \leqslant i \leqslant n$$

设 $n = 5, C_1 = 120, C_2 = 80, w = \{60,40,10,30,50\}$。采用队列式分支限界算法求解该问题。

6.1.6 实验原理

若一个给定的装载问题有解，则问题等价于如何将第一艘轮船尽可能装满。而如何将第一艘轮船尽可能装满等价于选取一个全体集装箱的子集，使该子集中的集装箱重量之和最接近 C_1。

采用队列式分支限界法求解装载问题时，首先要定义问题的解空间。对于有 5 个物品的装载问题的解空间，其解空间由长度为 5 的 0-1 向量组成。定义问题的解空间后，在问题的解空间上需构建易于用分支限界法进行搜索的解空间结构。装载问题的解空间结构是一棵完全二叉树。队列式分支限界法从根结点开始，以广度优先的方式搜索解空间树。根结点一次性将其所有的子结点均扩展为活结点。队列式分支限界法按照先进先出的原则管理活结点表。在算法访问左子结点之前，需设置约束条件去除不满足约束条件的子结点，算法在访问右子结点之前，需设置限界条件去除不可能产生最优解的子结点。剩余的子结点被插入队列。接下来，算法选取最先进入队列的结点作为下一个可扩展结点。当队列为空时，算法就找到了问题的最优解及最优值。

6.1.7 实验结果

1. 写出算法实现代码并给出程序的运行结果。
2. 给出数据记录并对结果进行分析，画出图表。
3. 对算法做复杂性分析。

6.1.8 实验总结

对本次实验进行结论陈述。

实验 2 0-1 背包问题

6.2.1 实验名称

0-1 背包问题。

6.2.2 实验目的及要求

1. 掌握分支限界法的基本思想及基本原理。
2. 掌握使用分支限界法求解问题的一般特征及步骤。
3. 掌握分支限界法算法的设计方法及复杂性分析方法。
4. 掌握使用优先队列式分支限界法求解 0-1 背包问题的问题描述、算法设计思想、算法设计过程及程序编码实现。

6.2.3 实验环境和工具

1. 操作系统：Windows。
2. 开发工具：Eclipse、JDK。
3. 开发语言：Java。

6.2.4 实验学时

2 学时。

6.2.5 实验内容

0-1 背包问题的提出是，有 n 个物品，其中物品 i 的重量是 w_i，价值是 v_i，有一容量为 C 的背包，要求选择若干物品装入背包，使装入背包的物品总价值达到最大。0-1 背包问题中，物品 i 在考虑是否装入背包时只有两种选择，即要么全部装入背包，要么全部不装入背包，不能只装入物品 i 的一部分，也不能将物品 i 装入背包多次。此问题的形式化描述是：给定 $C>0, w_i>0, v_i>0, 1 \leq i \leq n$，要求找出 n 元 0-1 向量 $(x_1, x_2, \cdots, x_n)$，$x_i \in \{0,1\}$，$1 \leq i \leq n$，使得目标函数 $\max \sum_{i=1}^{n} v_i x_i$ 达到最大，且要满足约束条件 $\sum_{i=1}^{n} w_i x_i \leq C$。设 $w = \{14, 7, 15, 9, 20\}, v = \{6, 6, 8, 15, 18\}, C = 40$，使用优先队列式分支限界法求解此问题。

6.2.6 实验原理

采用优先队列式分支限界法求解该 0-1 问题时，首先要定义问题的解空间。对于有 5 个物品的 0-1 背包问题，其解空间由长度为 5 的 0-1 向量组成。然后，在问题的解空间上，构建易于用分支限界法进行搜索的解空间结构。0-1 背包问题的解空间结构是一棵完全二叉树。优先队列式分支限界法从根结点开始，以广度优先的方式搜索解空间树。根结点一次性将其所有的子结点扩展为活结点。优先队列式分支限界法采用最大优先队列管理活结点表，最大优先队列用一个最大堆来实现。在算法访问左子结点之前，需设置约束条件去除不满足约束条件的子结点，在算法访问右子结点之前，需设置限界条件去除不可能产生最优解的子结点。剩余的子结点被插入最大优先队列。接下来，算法选取优先级最高的结点作为下一个可扩展结点。当搜索抵达叶结点时，算法就找到了问题的最优解及最优值。

6.2.7　实验结果

1. 写出算法实现代码并给出程序的运行结果。
2. 给出数据记录并对结果进行分析，画出图表。
3. 对算法做复杂性分析。

6.2.8　实验总结

对本次实验进行结论陈述。

实验 3　旅行商问题

6.3.1　实验名称

旅行商问题。

6.3.2　实验目的及要求

1. 掌握分支限界法的基本思想及基本原理。
2. 掌握使用分支限界法求解问题的一般特征及步骤。
3. 掌握分支限界法算法的设计方法及复杂性分析方法。
4. 掌握使用优先队列式分支限界法求解旅行商问题的问题描述、算法设计思想、算法设计过程及程序编码实现。

6.3.3　实验学时

2 学时。

6.3.4　实验环境和工具

1. 操作系统：Windows。
2. 开发工具：Eclipse、JDK。
3. 开发语言：Java。

6.3.5 实验内容

旅行商（TSP）问题的提出是，某售货员要去 n 个城市推销商品，该售货员从一个城市出发，经过每个城市一次，最后回到出发城市。应如何选择行进路线，以使总路程最短？设 $n = 6$，城市与城市之间的费用如图 6.1 所示。采用优先队列式分支限界算法求解该问题。

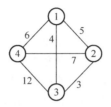

图 6.1 旅行商问题

6.3.6 实验原理

旅行售货员的路线图是一个无向带权连通图 $G = (V, E)$。旅行售货员的一条周游路线是包括 V 中所有顶点在内的一条回路。采用优先队列式分支限界法求解该问题时，首先要定义问题的解空间。对于有 6 个城市的旅行商问题，其解空间是包含 6 个城市的全排列。定义问题解空间后，需在问题的解空间上构建易于用分支限界法进行搜索的解空间结构。6 个城市的旅行商问题的解空间结构是一棵包含 6! 个叶结点的排列树。优先队列式分支限界法从根结点开始，以广度优先的方式搜索解空间树。根结点一次性将其所有的子结点扩展为活结点。解旅行商问题的优先队列式分支限界法采用最小优先队列管理活结点表，最小优先队列用一个最小堆来实现。在算法访问子结点之前，需设置限界条件去除不可能产生最优解的子结点。剩余的子结点被插入最小堆。接下来，算法选取优先级最高的结点作为下一个可扩展结点。当搜索抵达叶结点时，算法就找到了问题的最优解及最优值。

6.3.7 实验结果

1. 写出算法实现代码并给出程序的运行结果。
2. 给出数据记录并对结果进行分析，画出图表。
3. 对算法做复杂性分析。

6.3.8 实验总结

对本次实验进行结论陈述。

参 考 文 献

[1]　王晓东. 计算机算法设计与分析（第 5 版）. 北京：电子工业出版社，2018.

[2]　王晓东. 算法设计与分析（第 4 版）. 北京：清华大学出版社，2018.

[3]　Thomas H. Cormen. 算法导论（第 3 版）. 北京：机械工业出版社，2018.

[4]　Robert Sedgewick. 算法（第 4 版）. 北京：人民邮电出版社，2018.

[5]　Anany Levitin. 算法设计与分析基础（第 3 版）. 北京：清华大学出版社，2017.

[6]　Rod Stephens. 算法基础. 北京：机械工业出版社，2017.

[7]　Robert Sedgewick. 算法分析导论（第 2 版）. 北京：电子工业出版社，2018.

[8]　Mark Allen Weiss. 数据结构与算法分析：Java 语言描述（第 3 版）. 北京：机械工业出版社，2016.

[9]　Richard E. Neapolitan. 算法基础（第 5 版）. 北京：人民邮电出版社，2016.

[10]　M. H. Alsuwaiyel. 算法设计技巧与分析. 北京：电子工业出版社，2016.

[11]　Richard Johnsonbaugh. 大学算法教程. 北京：清华大学出版社，2012.

反侵权盗版声明

电子工业出版社依法对本作品享有专有出版权。任何未经权利人书面许可，复制、销售或通过信息网络传播本作品的行为；歪曲、篡改、剽窃本作品的行为，均违反《中华人民共和国著作权法》，其行为人应承担相应的民事责任和行政责任，构成犯罪的，将被依法追究刑事责任。

为了维护市场秩序，保护权利人的合法权益，我社将依法查处和打击侵权盗版的单位和个人。欢迎社会各界人士积极举报侵权盗版行为，本社将奖励举报有功人员，并保证举报人的信息不被泄露。

举报电话：（010）88254396；（010）88258888

传　　真：（010）88254397

E-mail：　dbqq@phei.com.cn

通信地址：北京市万寿路 173 信箱

　　　　　电子工业出版社总编办公室

邮　　编：100036